“一带一路”生态环保系列丛书

推动环保产业“走出去”：政策与需求分析

李　霞　唐华清　丁　宇　汉春伟　著

中国环境出版集团 · 北京

图书在版编目（CIP）数据

推动环保产业“走出去”：政策与需求分析/李霞等著. —北京：中国环境出版集团，2019.2
（“一带一路”生态环保系列丛书）
ISBN 978-7-5111-3039-6

Ⅰ. ①推… Ⅱ. ①李… Ⅲ. ①环保产业—产业政策—研究—中国②环保产业—需求—研究—中国 Ⅳ. ①X324.2

中国版本图书馆 CIP 数据核字（2016）第 314925 号

出 版 人 武德凯
责任编辑 赵惠芬
责任校对 任 丽
封面设计 彭 杉

出版发行 中国环境出版集团
（100062 北京市东城区广渠门内大街 16 号）
网 址：http://www.cesp.com.cn
电子邮箱：bjgl@cesp.com.cn
联系电话：010-67112765（编辑管理部）
发行热线：010-67125803，010-67113405（传真）
印 刷 北京中科印刷有限公司
经 销 各地新华书店
版 次 2019 年 2 月第 1 版
印 次 2019 年 2 月第 1 次印刷
开 本 787×960 1/16
印 张 10.75
字 数 136 千字
定 价 60.00 元

序

“一带一路”是党中央和国务院从战略高度审视国际发展潮流，统筹国内国际两个大局做出的重大战略决策。“一带一路”建设高举和平、发展、合作、共赢的旗帜，秉持“亲、诚、惠、容”的理念，以政策沟通、设施联通、贸易畅通、资金融通、民心相通（以下简称“五通”）为主要内容，与沿线各国共同打造政治互信、经济融合、文化包容的利益共同体、责任共同体和命运共同体。

习近平主席高度重视生态环境保护，多次强调要建设绿色丝绸之路。2017年5月14日，在“一带一路”国际合作高峰论坛开幕上，习近平发表主旨演讲，强调“我们要践行绿色发展的新理念，倡导绿色、低碳、循环、可持续的生产生活方式，加强生态环保合作，建设生态文明，共同实现2030年可持续发展目标”，提出“设立‘一带一路’生态环保大数据服务平台，倡议建立‘一带一路’绿色发展国际联盟，并为相关国家应对气候变化提供援助”。

建设绿色丝绸之路有利于促进沿线国家和地区共同实现2030年可持续发展目标，有利于增进沿线各国政府、企业和公众的相互理解和支持，有利于推动“五通”目标实现，是增强经济持续健康发展动力的有效途径，是顺应和引领绿色、低碳、循环发展国际潮流的必然选择。推进绿色丝绸之路建设，要求将生态环境保护融入“一带一路”建设的各个方面和全过程，与沿线国家分享我国生态文明和绿色发展理念与实践。

我国《“十三五”生态环境保护规划》（国发〔2016〕65 号）明确要求，推进“一带一路”绿色化建设，统筹规划未来五年“一带一路”生态环保总体工作。为落实上述要求，环境保护部会同外交部、国家发展和改革委员会、商务部四部联合委印发《关于推进绿色“一带一路”建设的指导意见》（环国际〔2017〕58 号），这是今后一段时期我国推进绿色“一带一路”建设的纲领性文件和行动导则，体现了我国在“一带一路”建设中突出生态文明理念，推动绿色发展，加强生态环境保护，共同建设绿色丝绸之路的决心，具有十分重要的意义。为贯彻落实该指导意见，环境保护部发布《“一带一路”生态环境保护合作规划》（环国际〔2017〕65 号），明确了具体任务和项目，这既是贯彻落实生态文明和绿色发展理念的生动实践，又是落实生态环保服务、支撑、保障作用的有效途径。

为更好地落实国家关于推动绿色“一带一路”建设的要求，在环境保护部的指导下，中国-东盟（上海合作组织）环境保护合作中心编制出版了“一带一路”生态环保系列丛书。本丛书既包括《“一带一路”生态环境蓝皮书》综合研究成果，也包括环境法规、政策、标准与实践，环保大数据服务平台建设，对外投资与环境，国际贸易与环境，环保技术与产业国际交流与合作机制等方面的专题研究成果，希望为绿色丝绸之路建设做出积极贡献！

2017 年 6 月于北京

前　言

环保产业（Environmental Protection Industry）属于新兴产业，因其巨大的市场需求和良好的发展前景，被誉为21世纪全球最具发展潜力的朝阳产业。全球经济一体化正在推动着世界经济结构的大调整，引发了抢占新科技制高点的大竞赛，并最终将催生具有强大发展推动力的战略性新兴产业。积极发展作为绿色经济载体的环保产业，已成为当今国际社会应对经济转型挑战、实现经济社会可持续发展的共同选择。

随着世界各国对环境问题重视程度的日益提高，清洁生产技术、环保产品和服务的市场规模也越来越大，任何一个国家的发展都必须考虑环境保护问题，而环保技术又以直接或间接的方式融合到产业发展之中。在发达国家，环保产业已经成为国民经济的支柱产业。美国、日本和欧洲等发达国家已依靠自身拥有的先进环保技术和雄厚的资金实力，充分利用环保产业的高关联度、高成长性、高盈利性的特点，在国际环保市场及贸易竞争中占据优势地位，形成了较成熟的以资源循环为中心、以市场为引导、以高技术为核心竞争力的环保产业体系。

伴随着中国经济的持续快速发展，城市化进程和工业化进程的不断加快，环境污染问题相对突出，中国逐步重视环保产业发展，把保护环境确定为基本国策，把环保产业定位为提升国民经济整体水平的战略性产业。中国国务院于2015年4月发布的《关于推进国际产能和装备制造合作的指导意见》明确提出，以发展中国家作为重点国别，并积极开拓发达国家市场，将钢铁、有色、建材、铁路、电力、化工、轻纺、汽车、通信、工程机械、航空航天、船舶和海洋工程等作为重点行业。根据国家规划，到2020年，战略性新兴产业增加值占国内生产总值的比重要力争达到15%，并在若干政府文件中对环保产业特别提出“加快资源循环利用关键共性技术研发和产业化示范，提高资源综合利用水平和再制造产业化水平，示范推广先进环保技术装备及产品，提升污染防治水平，推进市场化节能环保服务体系建设”等要求。

随着经济不断发展和企业实力不断增强，我国将面临更为广泛的国际竞争，在此背景下，我国顺应潮流，把视野和目标从国内扩展到全球，提出了“一带一路”战略构想，鼓励和支持有条件的各种所有制企业，按照国际通行规则开展境外投资，将“引进来”为主要特征的对外开放战略，逐步向以“引进来”与“走出去”相结合的方向转变。“一带一路”战略构想框架下的对外投资作为拉动经济发展的重要力量，为中国全面建成小康社会提供巨大的动力。同时，中国正处于推进产业结构调整和优化升级的重要时期，而对外投资作为产业结构调整与升级的重要手段和方式之一，将担负起越来越重要的责任。产业结构的调整和升级，意味着新兴产业的发展和传统产业的逐步衰退。加大环保产业“走出去”的扶植力度，较易形成经济发展与产业结构调整互动的良性循环，环保产业对其他国家所进行的技术寻求性投资也是促进新兴产业良性成长的极为有效的途径，有利于中国环保产业的发展和国际竞争力的提高。

在国际环保产业竞争日趋激烈的形势下，从制度层面分析中国环保产业面对的外部条件与内生因素，明确东盟和非洲等区域作为中国环保产业“走出去”的主要目的地，发挥自身优势，做出根本性的制度安排，坚持制度创新，增强技术创新能力，引导中国环保企业逐步“走出去”与实现国际成熟化，具有重要的现实意义。

摘要报告

环保产业是以防止和控制污染、改善环境为目的，包括环保设备生产与经营、资源综合利用、环境服务三个方面的生产经营活动，又称“环境产业”“生态产业”。环保产业是一个跨产业、跨领域、跨地域，与其他经济部门相互交叉、相互渗透的综合性新兴产业。

在多年来环境治理和环保政策措施的驱动下，我国的环保产业得到迅猛发展，无论是在产业规模、技术水平还是在市场环境等方面都具备了“走出去”的基础条件。当今全球环保产业蓬勃发展，在我国建设“一带一路”、构建全方位开放格局的大背景下，一批具备实力的环保企业表现出了强烈的“走出去”意愿，并主动开展了相关探索，在咨询、设计、工程施工、产品配套、设备输出等多领域、多环节，依托大型企业的工程总包项目“借船出海”，或利用企业所在专业领域的资源和基础，依靠专有技术单独“走出去”。

然而面对陌生的国际环境和激烈的市场竞争，我国环保产业在“走出去”的过程中遇到了复杂多样的问题。本书以东盟和非洲地区为着眼点，就当地环保产业发展情况、中国环保产业在当地发展概况以及中国与该区域重点国家环保产业合作情况等领域进行了分析，并就东盟和非洲环保产业的一些共性问题，提出了针对中国政府和企业的政策建议。

第一部分包括第一章、第二章，分别介绍了环保产业的内涵及分类和中国环保产业“走出去”的趋势分析。

第一章首先从狭义和广义两个方面对环保产业进行了一个解释，指出国际上认为狭义的环保产业定义是环保产业的核心。同时，由于环境对象本身的宽泛性和关注该问题的不同侧重点，实践中给出的环保产业的定义存在着很大差异，我国环保产业依然没有官方认可或使用一个统一的定义。

第二章介绍了中国环保产业“走出去”的趋势分析，重点从中国环保产业发展现状、中国环保产业“走出去”现状及机遇、中国环保产业“走出去”的必要性三个方面进行阐述。

本章首先指出，我国环保产业近几年发展迅速，产业体系逐步完善，部分环保技术达到国际先进水平；与东盟等发展中国家相比，我国环保产业具有成本较低、效果好、技术适应强的比较优势，“走出去”潜力大；同时也面临研发能力弱等发展短板。文章在环保产业“走出去”现状及机遇方面，指出我国对外投资对东道国环保意识觉醒，扩大环保市场起到积极的推动作用；并强调我国的环保技术水平更能适应这些国家的国情，且我国的环保技术设备价格低廉，在一定范围内更具市场竞争力。在重要性方面，指出支持环保产业“走出去”，是“一带一路”和“走出去”发展的战略需要，是营造未来新发展空间的必然需要，是推动国家新兴产业战略布局的需要，同时为可持续投资保驾护航。

第二部分包括第三章、第四章，分别介绍了东盟环保产业发展现状与趋势，中国与东盟重点国家环保产业合作。

第三章首先介绍了东盟环保产业的基本概况和重大项目与地理分布。按照国家发展程度可将东盟十国简单划分为三个层次：一是新加坡等高收入国家；二是印度尼西亚等东盟经济发展第二阵营国家；三是越南等东盟内部的后发国家。由于经济发展程度和关注环境问题的不同，东盟各国环保产业发展也存在较大差异。重大项目较多分布在经济发展程度一般的国家，从项目类别来看，污水处理、市政与环境基础设施占比较大，与东盟国家经济发展阶段一致。本章指出了东盟地区环保产业发展面临的机遇和挑战，机遇来自环保产业较大的需求量和产业促进政策两方面，挑战主要是环境保护与经济发展的动态平衡有待实现和推进环保产业发展的相关政策有待完善。此外，本章还选取泰国、马来西亚和印度尼西亚三国，具体分析其环保产业发展情况与趋势。

第四章介绍了中国-东盟环保产业合作现状，自 2007 年起，环境保护被列入中国与东盟第十一个优先合作领域，出台了一系列政策指导双方开展相关合作，包括《中国-东盟环境保护合作战略（2009—2015）》《中国-东盟环境合作行动计划（2011—2013）》《中国-东盟环境保护技术与产业合作框架》《中国-东盟环境合作战略（2016—2020）》，并建立了中国-东盟环境合作论坛等合作机制，各地方政府也结合自身优势开展对东盟的环保产业合作，目前双方环保产业合作已经取得不错成绩。未来中国与东盟开展环保产业合作蕴含较大机遇，由于双方的政治、经济合作不断加深，环保合作发展迅速，随着双方在环保领域的合作机制、机构逐步建立和完善，在环保产业方面的合作还将迈上新的台阶。同时，双方开展合作也面临挑战，主要是全球化背景下的区域产业结构带来的环境风险；城市化、工业化快速发展使得市政和环境基础设施项目拥有较大市场，但投融资机制有待完善，资金短板限制双方开展合作；经济发展模式的转型为环保产业提出更多新的要求。

第三部分包括第五章、第六章，分别介绍了非洲环保产业发展现状与趋势，中国与非洲重点国家环保产业合作。

第五章首先介绍了非洲环保产业的概况和重大项目与地理分布：与世界其他国家和地区相比，非洲的环保产业起步较晚，整体市场规模较小，但发展速度迅速；产业多分布于非洲西部与东南部，从产业项目上来看绝大多数为污水处理类。为应对日益严重的环境问题，非洲许多国家在经济可持续发展方面做出较大努力，为环保市场及投资带来机遇。与此同时，非洲环保产业发展也面临一定挑战，主要包括：政治稳定与公共管理效率成为吸引环保产业投资的主要影响因素；环保产业处于初级发展阶段，技术研发与产业市场亟待加强；非洲国家数量众多，环保产业需求差异化显著等。同时，本章从相关政策与法律概况、环保产业发展现状与趋势两个方面对肯尼亚、埃塞俄比亚等非洲重点国家的环保产业发展进行深入分析与研究。

第六章介绍了中非环保产业合作现状，中非环境合作始于1972年斯德哥尔摩联合国人类环境会议，21世纪以来，随着中非之间的合作日益加深，环保产业合作也打开了新局面，《中非经济和社会发展合作纲领》《亚的斯亚贝巴行动计划》《中国对非洲政策文件》《约翰内斯堡行动计划（2016—2018年）》等政策文件确定了中非环保合作的方向，双方就气候变化、野生动植物保护、水资源管理和废弃矿山恢复、环境监测、救灾减灾等方面展开合作，中国还将启动“中非绿色使者计划”，推进建设“中非联合研究中心”，并出资200亿元人民币设立中国气候变化南南合作基金。本章指出了中国和非洲在环保产业合作上蕴含的巨大机遇与前景，双方环保产业合作符合中国产业发展需求，合作优势明显、具有互补性，合作潜力巨大、需求广泛，特别是双方的环保产业合作在境外经贸合作区环境治理方面具有一定潜力。但依然存在一定挑战，主要有：对于非洲整体环保产业需求与制度安排，中国企业缺乏明显的政策透明渠道；合作意愿良好，但缺乏技术合作与信息平台；传统合作模式有待突破；中非产业合作面临资金融通问题等。

第四部分包括第七章和第八章，主要包括中国与“一带一路”国家环保产业合作展望、中国与“一带一路”国家环保产业合作建议研究两个部分。合作展望部分重点阐述了东盟和非洲地区环保产业的合作方向、合作基础与合作模式。最后，从政策支持、管理与服务、金融支持、搭建平台等几个方面提出建议，重点包括完善相关政策保障体系；健全支撑环保产业“走出去”的财税及金融政策体系；加强环保产业“走出去”综合管理能力；搭建公共服务平台，建立信息渠道；加强企业模式输出与技术创新；鼓励企业因地制宜“走出去”等。

目　录

第一部分　中国环保产业“走出去”发展概况

第二部分　东盟的环保产业政策与市场需求

第三部分 非洲环保产业政策与市场需求

第四部分 合作展望与建议

第一部分

中国环保产业“走出去”发展概况

1 环保产业的内涵及分类

1.1 环保产业的内涵

环保产业是随着环保事业的发展而兴起的新兴产业，是由经济合作与发展组织（OECD）国家首先提出来的。对环保产业的不同理解，大致可分为狭义和广义两种。

狭义上来讲，环保产业是指在环境污染控制与污染物减排、清理以及废弃物处理等方面提供设备和服务的行业，是相对于治理生产过程中排放的“三废”的“末端治理”而言的。环保产业主要是指针对“末端治理”而提供的产品和服务。

广义上来讲，环保产业既包括能够在测量、防治、限制及克服环境破坏方面生产和提供相关产品和服务的行业，又包括能够使污染排放和原材料消耗量最小化的“清洁生产”和对产品从最初的原材料采掘到产品使用后最终废弃物处理进行全过程追踪、定量分析与定量评价“生命周期”管理。它涉及产品生产、使用、废弃物处理处置或循环利用等各个环节。

大多数欧洲国家，如德国、意大利、挪威、荷兰等采用狭义的环保产业定义。加拿大、印度、日本则采用广义的环保产业定义。但总的来说，国际上认为狭义的环保产业定义是环保产业的核心。

在我国，由于环境对象本身的宽泛性和关注该问题的不同侧重点，实践中给出的环保产业定义存在着很大差异，我国环保产业依然没有官方认可或使用一个统一的定义。目前，我国对环保产业的界定主要是基于广义的含义，来自国务院《关于积极发展环境保护产业的若干意见》（国办发〔1990〕64 号）的文件规定：环境保护产业是以防止环境污染、改善生态环境、保护自然资源为目的所进行的技术开发、产品生产、商业流通、资源利用、信息服务、工程承包、自然保护开发等活动的总称。广义的环保产业不仅包括狭义的环保产业的内容，而且增加了清洁技术、清洁产品和生态环境建设等部分。此外，《全国环境保护相关产业状况公报》中明确了环境保护相关产业是指国民经济结构中为环境污染防治、生态保护与恢复、有效利用资源、满足人民环境需求，为社会、经济可持续发展提供产品和服务支持的产业。

1.2 环保产业的分类

环保产业是一个与其他经济部门相互交叉、相互渗透的产业门类。2005 年 4 月，联合国环境规划署发表《全球环境展望》报告提到，环保产业已经从过去仅限于治理空气污染、废水、垃圾、噪声、土壤及海洋污染和环境监测的产品、设备、服务及技术项目，延伸到发展具有防止和减少污染、节省能源和减少资源投入等效应的新领域，由此促进了多种新的产业和服务的开发和成熟。

根据不同的分类标准，可将环保产业划分为以下几个类别：一是按照环境产品和技术的环境功能，可分为自然资源开发与保护、清洁生产、污染源控制和污染治理类，这种分类方式分别对应自然资源开采、产品开发设计、产品生产和产品消费4个环节。二是按照传统的产业分类标准，可划分为3个部门。第一产业部门，包括自然资源管理、农林牧渔可持续发展等管理部门；第二产业部门，包括污染防治设备的生产和制造部门；第三产业部门，包括环境保护提供技术、管理、设计、施工和监测等各种服务的部门。三是按照环境要素，可划分为水及水污染物处理、大气污染防治、土壤污染修复、生物多样性保护、废物处理、环保服务、清洁生产及资源循环利用等几个大类。

联合国《综合环境经济核算手册2013》（SEEA），是经联合国统计委员会批准，由联合国、欧洲委员会、国际货币基金组织、经济合作与发展组织、世界银行等国际组织联合发布，是综合环境经济核算的最新权威文献。它将“环境产业”（即环保产业）分为3组主要的活动：资源管理、清洁技术与产品、污染管理，并给出了环境产业的完整分类。SEEA的环境产业结构分类较完整、涵盖面较全。

经济合作与发展组织（OECD）将环保产业要素概括归纳为8个领域，包括水及水污染物处理、大气污染防治、土壤污染修复、废物处理处置、消除噪声、环境咨询与服务、环境监测与应急、清洁生产及资源循环利用等。

欧盟环境货物和服务（EGSS）统计框架按产业属性将环保产业分为资源管理和环境保护两大类别。其中，资源管理根据要素分为7类，即水体管理、森林资源管理、野生动植物群管理、能源管理、矿产资源管理、研发活动和其他自然资源管理相关活动；环境保护根据要素分为9类，即大气环境保护与应对气候变化、废水治理、废物治理、土壤保护与修复、地下水保护与修复、地表水保护与修复、噪声和振动削减、生物多样性与景观保护、辐射防护、研发活动和其他环境保护相关活动。

目前，大多数国家对环保产业分类的标准类似于EGSS统计框架，并在此基础上进行相应扩展。其中，美国将环保产业划分为环保设备、环保服务和环境资源三大类；德国将环保产业归类为环保设备与用品、环保相关工程、与环保相关服务；日本则分为环境污染防治、节能友好产品（全球变暖对策）、废物处理及资源有效利用和自然环境保护4类。

在我国，环保产业主要倾向于3个方面：一是环保设备（产品）生产与经营，主要是指水污染治理设备、大气污染治理设备、固体废弃物处理处置设备、噪声控制设备、放射性与电磁波污染防护设备、环保监测分析仪器、环保药剂等的生产经营。二是资源综合利用，是指利用废弃资源回收的各种产品，废渣综合利用，废液（水）综合利用，废气综合利用，废旧物资回收利用。三是环境服务，是指为环境保护提供技术、管理与工程设计和施工等各种服务。

2 中国环保产业“走出去”的趋势分析

2.1 中国环保产业发展现状

2.1.1 我国环保产业发展迅速，体系逐步完善，部分环保技术达到国际先进水平

近年来，在环境治理和环保政策措施的驱动下，特别是“大气十条”“水十条”“土十条”的颁布，创造了巨大的环保市场，我国的环保产业得到迅猛发展，无论是在产业规模、技术水平还是在市场环境等方面都具有良好的发展基础。

据第四次全国环保产业调查表明，当前我国环境保护相关产业呈现出产品品种增加、产业规模不断扩大、产业政策逐渐完善、技术水平不断提高、市场需求不断扩大的特征，我国环境保护相关产业正处于产业生命周期的成长期，下阶段将快速发展，产业规模将进一步扩大。智研咨询发布的《2017—2023

年中国节能环保市场行情动态与投资战略咨询报告》显示，“十二五”期间，节能环保产业以年15%～20%的速度增长，为同期GDP目标增速的2～3倍，2015年我国节能环保产业总产值已达到4.5万亿元。“十三五”期间，节能环保产业前景依然广阔。据专家预测未来10年，我国环保产业的增速有望达GDP增速的2倍以上，“十三五”期间环保行业投资规模有望超过17万亿元，环保产业产值年均增长率将达15%以上。到2020年，产值过百亿元的环保企业将超过50家。

经过30多年的发展，我国环保产业已形成了包括环保产品生产、洁净产品生产、环境服务提供、资源循环利用、自然生态保护等多门类的环保产业体系，为我国环境保护事业的快速发展提供了重要的技术支撑和保障。通过自主研发与引进消化相结合，我国环保技术与国际先进水平的差距不断缩小，部分技术达到国际先进水平。目前，我国主要的环保技术与产品可以基本满足市场的需要，并掌握了一批具有自主知识产权的关键技术。在大型城镇污水处理、工业废水处理、垃圾填埋、焚烧发电、除尘脱硫、噪声与振动控制等方面，我国已具备依靠自有技术进行工程建设与设备配套的能力。

2.1.2 我国环保产业具有比较优势，“走出去”潜力大

与东盟等发展中国家相比，我国环保产业具有成本较低、效果好、技术适应强的比较优势。2014年发布的《2011年全国环境保护相关产业状况公报》显示，2011年，我国环境保护相关产业的出口合同额与2004年相比有大幅提高，但占总营业收入的比例仅为1.1%。其中，环境保护产品出口合同额从2004年的1.9亿美元增加到2011年的20.4 亿美元，增长9.7倍，年平均增长速度达到40.4%。环境保护服务出口合同额从2004年的0.7亿美元增加到 2011年

的 4.3 亿美元，增长 5.1 倍，年平均增长速度为 29.6%。资源循环利用产品出口合同额从 2004 年的 11.3 亿美元增加到 2011 年的 32.2 亿美元，增长 1.8 倍，年平均增长速度为 16.1%。这些领域出口合同额的增长，反映出我国在这些领域国际竞争力的加强。尤其是环境保护产品出口的迅猛增长，表明我国环境保护产品的技术水平和产品质量都有较大程度的提高，在国际市场上已经具有一定竞争力。

但是与美国、日本、西欧等发达国家和地区相比，我国环境保护产品和服务的贸易总额还比较低。根据数据，美国、日本、西欧等发达国家和地区的环境保护产品和服务的出口额占全球环境保护产品和服务贸易总额的比例在 2009 年就已超过 80%，相比之下，我国与发达国家和地区尚存在较大差距。

2.1.3 我国环保产业与技术仍面临研发能力弱等发展短板

近几年，中国的环保技术快速发展，其新能源技术、新材料技术、生物工程技术等正在不断地被应用于环境产业。尤其水污染控制、大气污染控制、固体废弃物处理等方面的技术得到显著突破。但是，我国环保产业与技术仍存在短板。一是我国环保企业在技术开发上投入不足，科研设计能力有限，尤其在新技术、新工艺、新设备的开发方面仍需要积累更多经验。二是具有较强技术经济实力和较高经营管理水平的大型环保企业数量占全国环保企业比重不足 5%，多数为中小型环保企业，企业规模小而分散，对资本、资金、技术及人力资源吸引力不够，难以形成规模效益。三是环保产业分布不均。环保产业分布与经济发展水平基本保持一致，环保产业主要集中在东南沿海与长江流域，其中北京、上海、江苏、浙江、山东、广东、辽宁、吉林、四川、湖南等省份的环保产业总产值占全国的 80% 以上，中西部地区的总产值份额不足 20%。

2.2 中国环保产业“走出去”现状及机遇分析

2.2.1 中国环保产业“走出去”现状

经济全球化和我国对外贸易政策的调整大大促进了我国海外投资的发展。实施“走出去”战略是我国对外开放新阶段的重大决策，是保持中国经济快速、稳步、持续发展，扩大国际合作，实现经济全球化的重要举措。当前，“一带一路”沿线国家是中国环保企业“走出去”的重点，也是增量目标市场。经E20研究院数据统计分析，当前我国有44个环保企业在全球六大洲54个国家签订了149份合同订单，超六成的订单分布在“一带一路”沿线国家。

2.2.1.1 我国对外投资对东道国环保意识觉醒，扩大环保市场起到积极的推动作用

由于中国对外投资的流向大多分布于亚非拉地区，在投资过程中，也为东道国带去了先进的环保理念，投资活动产生的技术外溢效应，对当地企业的环境保护起到了直接的促进作用，对提升当地政府和居民的环境意识水平、激发当地政府提升其环境标准起到了良好的提振效果。同时，大规模的投资大大提升了亚非拉国家的经济水平，当地人民在求得温饱的生活之余，也开始了解环保对生活品质的重要性，环保意识逐渐觉醒，虽然欢迎投资，但却不欢迎高污染产业，环保需求不断扩大的同时，环保产业也因此而蓬勃发展。

整体来看，随着发展中国家对环保关注度的不断上升，我国对其环

保市场份额近些年来维持着迅速扩大的趋势，对推进全球环保产业的较快增长做出了突出的贡献。E20 研究院的最新统计数据显示，截至 2017 年，我国的 30 个环保企业在 28 个“一带一路”沿线国家中签订了 96 个合同订单。

2.2.1.2 我国环保企业“走出去”特点

虽然和发达国家相比，我国环保企业在技术水平上尚存在差距，但东盟和非洲的绝大多数国家和我国一样，同属发展中国家，环境问题、环境污染状况和环保技术和我国相比在一定程度上都有共同之处，我国的环保技术水平更能适应这些国家的国情。此外，我国环保技术设备价格低廉，在一定范围内更具市场竞争力。较之西方发达国家的环保企业，我国员工也更能吃苦、更勤劳，市场开发的成本也较低。我国的环保产业也只有积极跻身于国际市场竞争，才能不断看到差距，学习和借鉴先进技术，迎接挑战。

目前，我国环保产业在海外的分布呈现以下特点：一是对比全球环境产业市场来看，我国环保产业“走出去”规模仍有较大提升空间。2016 年中国对外直接投资位居全球第二，其中，水利、环境和公共设施管理业占总对外投资的比例仅为 1.6%。此外，根据 E20 研究院的估算，当前全球环境产业市场空间约 7.5 万亿元，中国环境产业在其中的占比不足 15%。二是环保企业“走出去”项目数量上，中小企业占 80%，其中大部分为民营企业，资金和管理的不配套，导致多数企业技术水平有待提高，产业整体发展速度放缓。三是在资金上，国企仍然是主力。2016 年，环保企业“走出去”的项目金额上，国企占比超过 80%，民企仅不到 20%。四是经过近 20 年的改革发展，中国环境公用设施领域形成了一大批规模庞大、技术先进、产业链完备的环保企业。但在技术和成本的先天优势之外，中国环保企业服务意识仍需进一步提高。五是相比国内市场的竞争，广阔的国际市场不仅更为规范，而且也能为企业提供更大的利润空间。然而，我国目前“走出去”的环保企业仍缺乏有效的政策引导，同时国内的环保产业协会等也无法对其进行规范和约束，从而导致目前海外投资的环保市场资源分布较为分散，较难形成竞争优势。

2.2.2 “一带一路”倡议下环保产业“走出去”的市场机遇分析

随着“一带一路”倡议的推动，环保产业“走出去”面向国际市场迎来重大发展机遇。“一带一路”以立体综合交通运输网络为纽带，以沿线城市群和中心城市为支点，以跨国贸易投资自由化和生产要素优化配置为动力，以区域发展规划和发展战略为基础，以资金融通和人民友好往来为保障，以实现各国互利共赢和区域经济一体化为目标的带状经济合作区。“一带一路”不仅强调地理和交通上的连接，更注重形成新的绿色可持续发展经济带，实现丝绸之路历史文化线和生态文明线的融合。

“一带一路”愿景和行动计划将加强生态环境保护合作列为积极推动务实合作的重要领域之一，重点突出生态文明、合作共建绿色丝绸之路、统筹推进区域生态建设和环境保护，要求各领域开展合作时都要高度重视生态环境保护，这为我国环保产业“走出去”，打开国际市场提供了政策规范的市场基础。

2.2.2.1 “一带一路”倡议的“政策沟通”“民心相通”“设施联通”成为“走出去”的政策基础

“一带一路”倡议提出的“政策沟通”为我们了解这些国家的环

境保护法律法规、政策标准，加强对话与交流，促进我国环保产业“走出去”提供了政策基础。环保本身是公益事业，大力推动生态环保，进一步夯实民意基础，有助于服务“一带一路”倡议中的“民心相通”，实现互利共赢。“一带一路”倡议提出“设施联通”，以交通基础设施为核心，加强沿线国家的基础设施建设规划、技术标准体系的对接，这其中环境保护基础设施建设也是重要环节之一。

2.2.2.2 “一带一路”倡议的“贸易畅通”推动环保产业实现全产业链融合

与此同时，“一带一路”倡议提出的“贸易畅通”着力研究解决投资贸易便利化问题，消除投资和贸易壁垒，构建区域内各国良好的营商环境，积极同沿线国家和地区共同商建自由贸易区。在“贸易畅通”中，可以加上更多绿色内容，推动绿色贸易，加大环保产业、环保服务业的出口，鼓励环境产品的贸易流通，实施优惠政策，大力推动绿色供应链发展，搭上“贸易畅通”的快车。

2.2.2.3 “一带一路”倡议的“资金融通”为环保产业“走出去”提供资金保障机制

“一带一路”倡议提出的“资金融通”，就是要深化金融合作，推进亚洲货币稳定体系、投融资体系和信用体系建设。共同推进亚洲基础设施投资银行、金砖国家开发银行、丝路基金等，以银团贷款、银行授信等方式开展多边金融合作。目前方兴未艾的绿色金融机制，倡议更多的资金要投向节能环保产业，要求重大项目投资都要考虑环保设施建设需求，实施绿色信贷，无疑为环保产业“走出去”提供了资金保障机制。

2.3 中国环保产业“走出去”的必要性

2.3.1 符合“一带一路”和“走出去”发展需要

2.3.1.1 支持环保产业“走出去”，符合“一带一路”发展需要，是加强“绿色丝绸之路”建设的必要手段

“丝绸之路经济带”和“21世纪海上丝绸之路”（以下简称“一带一路”倡议）秉持“亲、诚、惠、容”的外交理念，倡导开放包容、和平发展、互利共赢，以政策沟通、设施联通、贸易畅通、资金融通、民心相通为主要内容，与沿线各国共同打造政治互信、经济融合、文化包容的利益共同体、责任共同体和命运共同体，造福沿线国家人民，促进人类文明进步事业，开创了我国全方位对外开放新格局。

中国发布的《推动共建丝绸之路经济带和21世纪海上丝绸之路的愿景与行动》中，高度重视生态文明理念与环境保护，明确提出要“共建绿色丝绸之路”的理念和要求，提出要在投资贸易中突出生态文明理念，把生态环保列为推动务实合作的重要领域之一，加强生态环境、生物多样性和应对气候变化合作。大力推动环保产业“走出去”，深入了解发展中国家的环境保护法律法规、政策标准，加强环保产业与“一带一路”沿线国家基础设施建设规划、技术标准体系的对接工作，推动绿色贸易、鼓励环境产品的贸易流通、推动绿色供应链发展，有助于落实推进“一带一路”倡议下的生态文明理念与环境保护要求，加强“一带一路”沿线国家环保技术水平，加快沿线国家产业转移与升级，促进沿线国家的可持续发展，实现经济发展与环境保护“双赢”。

2.3.1.2 支持环保产业“走出去”，符合我国“走出去”大背景的需要，是坚持对外开放方针的重要组成部分

随着我国经济不断发展和企业实力不断增强，将面临更为广泛的国际竞争，在此背景下，我国政府顺应潮流，把视野和目标从国内扩展到全球，适时提出了实施“走出去”战略，鼓励和支持有条件的各种所有制企业，按照国际通行规则开展境外投资，将“引进来”为主要特征的对外开放战略，逐步向以“引进来”与“走出去”相结合的方向转变。

国际金融危机正在推动着世界经济结构的大调整，引发了抢占新的科技制高点的大竞赛，并将最终催生具有强大发展推动力的战略性新兴产业。积极发展作为绿色经济载体的环保产业，已经成为当今国际社会应对金融危机、实现经济社会可持续发展的共同选择。任何一个国家要把握时代发展脉搏，不与新科技革命失之交臂，就必须密切关注和紧跟世界经济科技发展的大趋势，大力发展培育以环保产业等为主体的战略性新兴产业，在新的科技革命中赢得主动，有所作为。环保产业作为当今世界发展最快的朝阳产业之一，在环保意识普及且广受重视的今天，充满着蓬勃的商机。

随着世界各国对环境问题重视程度日益提高，清洁生产技术、环保产品和服务的市场规模也越来越大，当前全球环保产业贸易额在国际贸易各类商品的排名中已上升到第四位，仅排在信息产品、石油和汽车之后。任何一个产业的发展都必须考虑环境保护问题，而环保技术又以直接或间接的方式融合到每个产业的发展之中。在许多发达国家，环保产业已经成为国民经济的支柱产业。

2.3.2 营造未来新发展空间的必然需要

以环保产业为主体的战略性新兴产业，是推动经济社会发展的革命性力量，是科技含量高、产业关联广、市场空间大、节能减排的潜在朝阳产业。据国务院发展研究中心课题组测算，未来3年，新能源产业产值可望达到4 000亿元；“十三五”期间环保产业投资规模有望超过17万亿元，环保产业产值年均增长率将达15%以上，信息网络及应用市场规模至少达到数万亿元。因此，对中国而言，除了发展装备制造业等传统优势产业外，及早谋划、培育和发展战略性新兴产业，特别是环保产业，抢占经济科技制高点，不仅对巩固和发展中国经济回升势头十分必要，而且对营造国家未来的新发展具有重大意义。

2.3.3 推动国家新兴产业战略布局的需要

2.3.3.1 支持环保产业“走出去”，符合国家大力支持新兴产业的战略布局需要

国务院于2015年4月公布了《关于推进国际产能和装备制造合作的指导意见》。《意见》明确提出，以发展中国家作为重点国别，并积极开拓发达国家市场，将钢铁、有色、建材、铁路、电力、化工、轻纺、汽车、通信、工程机械、航空航天、船舶和海洋工程等作为重点行业。2010年，国务院通过《关于加强培育和发展战略性新兴产业的决定》，《决定》中将节能环保、新一代信息技术、生物、高端装备制造、新能源、新材料和新能源汽车7个行业，确定为战略性新兴产业，明确将从财税、金融等方面出台一揽子政策加快培育和

发展战略性新兴产业。根据规划，到 2015 年，战略性新兴产业增加值占国内生产总值的比重要力争达到 8%左右。到 2020 年，这一比重达到 15%。其中，对环保产业特别提出“加快资源循环利用关键共性技术研发和产业化示范，提高资源综合利用水平和再制造产业化水平，示范推广先进环保技术装备及产品，提升污染防治水平，推进市场化节能环保服务体系建设”等要求。

2.3.3.2 环保产业“走出去”将对国内产业结构调整起到良好的支撑作用，成为反哺国内环保企业竞争力的客观需要

当前，对外投资作为拉动经济发展的重要力量，为我国全面建成小康社会提供着巨大的动力。同时，我国正处于推进产业结构调整和优化升级的重要时期，而对外投资作为产业结构调整与升级的重要升级手段和方式之一，将担负起越来越重要的责任。产业结构的调整和升级，意味着新兴产业的发展和传统产业的逐步衰退。加大环保产业“走出去”的扶植力度，容易形成经济发展与产业结构调整互动的良性循环，环保产业对其他国家所进行的技术寻求性投资也是促进新兴产业良性成长的极为有效的途径，利于我国环保产业的发展和国际竞争力的提高。

2.3.4 为可持续投资保驾护航

在对外投资过程中，环保产业作为推动对外投资绿色化的重要手段，有利于缓解东道国环境压力，从根本上破解对外投资过程中环境保护的难题，共同推动环境可持续发展，同时也为我国负责任的国家形象具有良好的支撑作用。

第二部分

东盟环保产业政策与市场需求

3 东盟环保产业发展现状与趋势

由于东盟十国在经济发展阶段和水平上存在差异，各国面临的环境问题也不尽相同，环保产业发展程度也各有不同。本章主要就东盟环保产业基本情况、相关政策与法律进行阐述，就东盟环保产业发展的机遇与挑战进行探讨，并选取泰国、马来西亚、印度尼西亚三国进行重点国别分析。

3.1 东盟环保产业基本概况

环保产业是以防止和控制污染、改善环境为目的，包括环保设备生产与经营、资源综合利用、环境服务3个方面的生产经营活动，又称“环境产业”“生态产业”。环保产业是一个跨产业、跨领域、跨地域，与其他经济部门相互交叉、相互渗透的综合性新兴产业。

东盟国家多为发展中国家或不发达国家，该区域的产业集群主要来自低成本的比较优势而非基于创新的竞争优势。随着全球经济的加速发展，区域产业分工承受的资源过度开发和环境污染矛盾日益凸显，多数国家出现水污染、大气污染、土壤退化、生物多样性丧失等方面的环境问题。因此，发展环保产业处理环境问题已成为东盟各国需要面临的一项紧迫任务。

由于东盟国家多处于经济快速发展阶段，环保产业普遍处于发展阶段，面临技术、标准和人员能力等多方面因素的制约，日益增长的环境质量改善的需求有待满足。2009 年，东盟国家共同通过了《东盟社会文化共同体蓝图（2009—2015）》，该文件提出了东盟环境保护的新十大优先领域，其中发展环境友好技术、加强城市环境管理与治理成为重点领域。

东盟十国文莱、柬埔寨、印度尼西亚、老挝、马来西亚、缅甸、菲律宾、新加坡、泰国和越南在经济发展阶段和水平上存在差异，决定了其对环境问题认识的差异。如果按国家发展程度可以简单划分为 3 个层次：

第一，文莱、新加坡。根据世界银行公布的数据，文莱 2016 年人均国内生产总值为 2.69 万美元，新加坡 2016 年人均国内生产总值为 5.3 万美元。这两个国家均属于高收入国家行列。其中，文莱是东南亚第三大产油国和世界第四大液化天然气生产国，石油和天然气的生产和出口是文莱的经济支柱，占其国内生产总值的 36%和出口总收入的 95%；新加坡则由于受自然资源限制主要以高科技产业和金融业为主。这两个国家关注的环境问题主要以全球环境问题和新出现环境问题为主。

第二，印度尼西亚、马来西亚、菲律宾、泰国。这四个国家属于东盟经济发展第二阵营，其中印度尼西亚是东南亚第一大产油国，经济主要依靠石油和其他自然资源开发；马来西亚、菲律宾、泰国自然资源也极为丰富，经济主要依靠制造业和自然资源开发。这些国家重点关注资源开发利用引发的环境问题、全球和区域环境问题等。

第三，越南、柬埔寨、老挝、缅甸。作为东盟内部的后发国家，由于战争与动乱的逐步结束，越南、柬埔寨、老挝、缅甸在 20 世纪 90 年代加入东盟。丰富的自然资源禀赋，经济落后的现实状况，这四个国家目前正处于大力促进经济增长的阶段，其中柬埔寨、老挝、缅甸还属于联合国界定的最不发达国家行列。这些国家重点关注工业化、城市化带来的传统环境污染问题以及引进资金技术加强能力建设等问题。

由于经济发展程度和关注环境问题的不同，东盟各国环保产业发展也存在较大差异。

新加坡在水务产业、废物管理和清洁能源方面发展较快。2007 年，为将新加坡发展成为世界水务中枢，新加坡政府拨款5亿新元自主开展环境与水源科技研究。政府采取鼓励措施，扶持本地展开多项大规模水务工程，有力地带动了水务产业的蓬勃发展。目前，新加坡当地水务业市场上有50多家国际和本地公司正在大显身手；新加坡国内的8家水务公司纷纷走出国门，在多个国家和地区拓展商机；优越的地理位置吸引了欧美、日本等世界众多水务业者以此为基地，开拓亚洲水务市场、进行水务新科技的实验项目。政府已认识到单方的力量无法提供所有的环境服务。在争取环境可持续性目标的过程中，新加坡越来越寄望商界积极提供必要的服务。在推动环境科技发展方面，商界已成为政府的重要伙伴。私人企业界在废物管理和其他环境领域也能发挥作用。新加坡公司已经建造了首个海水淡化厂，还计划兴建第五个垃圾焚化厂，每天焚烧800吨垃圾。另外，新加坡积极推进清洁能源计划，近几年在清洁能源领域取得了不俗的成绩，吸引了许多世界级的大项目在此落户，例如美国劳斯莱斯投巨资研发燃料电池、欧洲最大太阳能公司与本地合作设立亚洲总部、澳大利亚公司在裕廊岛兴建世界最大的生物柴油制造厂等。

马来西亚在过去的几十年间经济一直保持高速增长，随着工商业的迅速发展和对自然资源的大规模开发利用，资源消耗量急剧增加，随之而来的是环境污染的加剧。马来西亚政府已经认识到环境恶化带来的各种问题，因此，在过去几年，在发展绿色产业、促进绿色产品生产方面做出了大量的努力。为加强环保产业的发展，马来西亚积极鼓励外商投资其国内的新兴工业、高科技产业及环保项目，鼓励外商从事植树造林、有毒和危险性废物的储存、处理和清除、节约能源、工农业及生活垃圾和废物的处理及再利用等行业。多项举措并举，使马来西亚吸引了大量的外资，投资于环保相关产业。

菲律宾由于缺乏完善的有害废弃物处理体系及技术设备，截至2007年仍有700～800个露天填埋场，未来几年，提高卫生填埋场数量的任务十分急切，故未来菲律宾急需兴建垃圾转运站及符合环境标准的卫生填埋场。在空气污染防治方面，菲律宾比较注重固定污染源的防治，如水泥行业、石化行业的污染治理等。目前，菲律宾环保市场发展重点主要集中于城市用水供应及工业废水处理两部分。而最具市场潜力的环保产品主要是：过滤设备、净化设备、水回收设备、污泥处理系统及相关操作系统维护。此外，一批工业区废水统一处理中心相继发挥作用。菲律宾正致力于逐步提高其城市的污水处理能力，改善公共卫生服务质量，引进先进的环保技术和相关先进设备等，全面提高环保产业发展水平。

泰国的环保产业起步虽然较晚，但发展却很迅速。泰国环保基础设施建设主要包括：①给水工程，提高都市和乡镇的供水率，并进行老旧输水管道的替换；②净水厂兴建工程，2016年完成全国各地净水厂的扩建和兴建；③废水处理，增建污水处理厂；④废物处理，兴建符合标准的卫生填埋场；⑤空气质量监测，增设空气质量监测站；⑥有害废物处理，兴建有害废弃物处理管制中心。其中，污水处理是泰国环保工业发展的重点。不过，泰国政府在加大环保投资力度的同时却面临着环保技术落后的难题。为此，泰国积极吸取国外先进经验，尤其是从欧美、日本等发达国家引进各种环保技术，包括废水控制、处理与管理技术、有害废弃物的处理和管理技术，以及环境监测技术与人员的培训等。目前，泰国正在积极探索新型环保产业，如用泔水油和地沟油之类“废油”提炼生物柴油，利用回收垃圾兴建垃圾发电站等，以弥补国内能源短缺问题。

老挝是当今世界最不发达的国家之一。近年来，为了摆脱贫穷落后面貌，老挝党和政府大量引进外资，鼓励发展工业，加大对矿产等自然资源的开发，使该国环境保护压力空前增大。面对新的形势和挑战，老挝政府已经开始重视环境保护，希望加强国内环境污染的预防和控制、治理。但是，老挝极为落后的工业还无法提供相应的环保产品和保护技术设备。从目前掌握的资料来看，老挝的环保产业几乎还是一片空白，该国所需的绝大多数环保产品、环保技术需要从欧洲、日本、越南和中国进口。

根据已有数据，缅甸的环保产业发展较为薄弱。除少数实力较雄厚的外国公司外，参与环保的缅甸本土公司数量较少并且多数规模较小。这些公司的业务主要是销售、生产污水处理设备及其安装维护、水净化设备、太阳能设备、家用卫生设施等。也有个别公司提供空气、水的质量监测服务和监测设备。从企业的分布情况来看，多数集中在仰光、曼德勒、新首都内比都等较大城市。

越南经济年均8%的高速增长引起了世界瞩目。随着越南经济的不断发展，环境问题已影响到经济发展和人民生活，越南政府开始重视环境保护，特别是2006 年成功举办亚太经合组织会议（APEC）后，越南政府下决心进行本国环境污染的预防、控制和治理。但相对落后的越南工业无法提供相应的产品和技术设备，进口环保产品、引进环保技术已成为越南政府的当务之急。越南正逐年加大环境保护的投资力度，制定一系列措施促进环保行业的长远发展。政府引导的资金投入不断增大带动着环保业的高速发展，每年动用全国财政总收入的1%加强环境保护和水处理基础设施建设，并根据经济增长情况增加财政投入，加大环保产业的招商引资力度。目前，越南的环保水处理产业有着巨大的潜在市场，糖厂、淀粉厂以及化工、冶炼、采矿等行业的生产废水污染治理、二氧化硫治理、汽车尾气治理、矿山生态恢复、流域水环境综合整治、海洋环境污染控制和生态保护等方面都急需实现技术突破。越南将大量需要城市居民用水和工业污水成套处理设备、垃圾处理设备、工业有机废气净化设备、脱硫成套设备、危险废物无害化处理设备、汽车尾气净化设备、环境监测仪器、节能与可再生能源利用设备、资源综合利用与清洁生产设备、环保材料与药剂等产品。

3.2 重大项目与地理分布

3.2.1 东盟国家已经建设的重大环保项目

根据世界银行（World Bank）和亚洲开发银行（Asian Development Bank）的项目库数据及相关资料，统计近年来在东盟国家规模较大的环境保护项目，项目概况见表 3-1。

表 3-1 东盟重大环境保护项目概况

序号	国家	项目名称	项目类别	投资额/万美元	项目起始时间	项目简介
1	新加坡	中广核新加坡生物质能发电项目	生物发电	3 372	2012 年	中广核新加坡生物质能发电项目是中国广东核电集团在海外全面负责实施的首个清洁能源项目，对该公司开拓海外清洁能源电力市场具有重大意义。项目一期规模为 70 千瓦+9.9 兆瓦，其中 70 千瓦为太阳能光伏发电；9.9 兆瓦为生物质能发电，采用的燃料将全部为本地收集商提供的木屑

序号	国家	项目名称	项目类别	投资额/万美元	项目起始时间	项目简介
2	新加坡	北控新加坡樟宜第二新生水厂 DBOO 项目	再生水	—	2014 年	新加坡樟宜第二新生水厂采用设计—建设—拥有—运营的模式进行开发建设，该项目设计产水规模为 228 000 吨/天，水厂进水来源于新加坡樟宜污水回用厂二沉池的出水，经过微滤加反渗透的双膜处理工艺后再经过紫外消毒制备成高质量的新生水
3	马来西亚	马来西亚同孟加拉国签署基础设施建设项目	含污水处理	250 988	2011 年	马来西亚同孟加拉国签署基础设施项目合作备忘录。根据备忘录，马来西亚获得孟加拉国高达 100 亿林吉特的基础设施建设项目，涉及房屋、别墅、天桥、污水处理站等
4	马来西亚	北控水务签约马来西亚污水厂项目	污水处理	32 841	2011 年	北控水务与马来西亚能源、绿色科技及水务部签订合同，负责建设吉隆坡 Pantai 第二地下污水处理厂，项目竣工日期定为 2017 年 7 月 27 日，包括 4 年项目建设及 2 年项目营运及维修
5	泰国	国机集团承建泰国环保项目	固体废物处理	10 200	2012 年	国机集团所属中国电力工程有限公司签署了泰国 TPI PP 60 兆瓦垃圾焚烧和 30 兆瓦水泥窑余热电站项目 EPC 总承包合同。该项目主要由分捡垃圾焚烧发电和水泥窑余热（WHR）发电两部分组成：垃圾焚烧发电配置 2 台 130 吨/小时循环流化床锅炉和 1 台 60 兆瓦汽轮发电机，水泥窑余热发电配置 2 台余热锅炉和 1 台 30 兆瓦汽轮发电机。该项目实施后，将减少当地垃圾填埋占用土地，实现垃圾燃烧灰渣在水泥生产中综合利用，充分回收利用水泥生产工艺中产生的废热，对泰国当地的节能环保具有深远的意义
6	泰国	云南水务收购泰国普吉岛垃圾发电公司	固体废物处理	7 000	2003 年	云南水务（中国香港）股份有限公司收购由马来西亚上市公司 IRIS CORPORATION BERHAD 控股的位于泰国普吉岛的垃圾发电公司 PJT TECHNOLOGY CO. LIMITED 100%股权和债权。PJT TECHNOLOGY CO. LIMITED 于 2003 年成立于泰国，公司取得普吉岛市政局的垃圾发电特许经营权，其期限为 2009—2023 年，该公司有权在到期之后续签协议至 2038 年

序号	国家	项目名称	项目类别	投资额/万美元	项目起始时间	项目简介
7	泰国	泰国锦江国际能源发展有限公司垃圾焚烧发电厂和泰国玛数绿能有限公司春武里府垃圾焚烧发电厂	固体废物处理	805	2007年	杭州锦江集团有限公司与泰国公司合资，建立泰国玛数绿能有限公司和泰国锦江国际能源发展有限公司，主要从事电厂电力业务以及其他形式的电力管理活动。总投资1 150 万美元，其中锦江集团出资 805 万美元。国机集团下属中国联合工程公司负责其两个项目的设计工作，分别是泰国锦江国际能源发展有限公司垃圾焚烧发电厂 1×400 吨/日（垃圾）+1×N12 和泰国玛数绿能有限公司春武里府垃圾焚烧发电厂 2×400 吨/日（垃圾）+1×N12
8	泰国	先后承接了 150 兆瓦电厂项目、60 兆瓦垃圾焚烧及其扩建项目和 30 兆瓦水泥窑余热电站项目的 EPC 总承包	固体废物处理	10 200	2012年	2012 年和 2014 年，国机集团下属的中电工与泰国 TPI PP 公司合作，先后承接了 150 兆瓦电厂项目、60 兆瓦垃圾焚烧及其扩建项目和 30 兆瓦水泥窑余热电站项目的 EPC 总承包合同，总合同额 1.02 亿美元，是世界上首座垃圾焚烧与水泥窑余热相结合的节能环保发电站。垃圾焚烧发电配置为 2 台 130 吨/小时循环流化床锅炉
9	泰国	华西能源公司与泰国SPS1999公司合作签订泰国5个市政垃圾发电项目	固体废物处理	27 904	2015年	2015 年 7 月，华西能源公司与泰国 SPS1999 公司合作签订泰国 5 个市政垃圾发电 EPC 总承包项目，单个处理量为 600 吨/日，装机容量为 9.5 兆瓦，总投资额为 2.790 4 亿美元
10	泰国	泰国普吉市生活垃圾焚烧发电项目	固体废物处理	—	2014年	2014 年 8 月，三峰环境集团与泰国 PJT 技术有限公司签署泰国普吉市 2×350 吨/日生活垃圾焚烧发电项目运营维护合同
11	泰国	泰国曼谷 Nong Khaem 垃圾处理项目	固体废物处理	—	2016年	2016 年 5 月，由创冠环保投资的位于泰国曼谷的处理量 500 吨/日的 Nong Khaem 垃圾处理 BOT 项目正式投入运行
12	印度尼西亚	印度尼西亚棉兰城市垃圾焚烧发电厂项目	固体废物处理	17 000	2015年	印度尼西亚棉兰城市垃圾焚烧发电厂项目是当地第一座垃圾焚烧发电项目，日垃圾处理量为 1 500 吨，设计年发电量为 2.365 亿千瓦时
13	柬埔寨	中泰柬三国合作投资污水处理项目	污水处理	20 000	2012年	柬埔寨“兴”发展公司与中工国际、泰国 BIG International 公司拟共同出资 2 亿美元成立合资公司，该合资公司将在柬埔寨马德望省、磅湛省、干拉省和其他海滨省份开展污水处理项目

序号	国家	项目名称	项目类别	投资额/万美元	项目起始时间	项目简介
14	柬埔寨	朗哥区将建垃圾焚烧发电厂	固体废物处理	10 000	2012 年	柬埔寨政府与绿色亚洲全球公司（Green Asia Global）就在朗哥区垃圾场投资 1 亿美元修建垃圾焚烧发电厂项目进行协商。柬埔寨政府将全面提供有关公司进行考察的协助，此外，公司还必须与柬埔寨环境部、工业部、财经部和发展理事会进行沟通，确保能在顺利的条件下建厂
15	缅甸	仰光莱达雅镇区腾宾垃圾场	固体废物处理	10 000	2013 年	仰光莱达雅镇区腾宾垃圾场是仰光最大的垃圾场，日均堆放量为 847 吨，占全市废弃垃圾量的 56%。该项目计划垃圾发电 2 万千瓦及太阳能发电 1 万千瓦，项目运行方式为 BOT 方式
16	越南	中国企业获越南垃圾焚烧发电项目	固体废物处理	7 513	2012 年	中国绿色能源有限公司与越南太平省达成垃圾焚烧发电项目合作意向，总投资 5 亿元，日处理能力 1 000 吨，年发电量 1 亿千瓦时，合作方式尚未确定，可以为 EPC 或 BOT 的形式
17	越南	越南河内丹凤县垃圾焚烧发电项目	固体废物处理	—	—	长沙斯博泰科技有限公司设计建设的越南河内丹凤县垃圾焚烧发电项目投产运行。项目一期工程生活垃圾处理量为 300 吨/日，采用马丁式炉排和 1.0 兆帕蒸汽余热锅炉，烟气处理采用半干法+干法+布袋除尘工艺。二期将扩建 1 000 吨/日的垃圾焚烧发电项目
18	越南	河内南山垃圾发电项目	固体废物处理	—	2016 年	中国电建所属水电顾问集团在深圳与越南 UDIC 投资公司、光大国际有限公司、越南河内市环卫公司举行会谈并签署了越南河内南山垃圾发电项目合作协议。河内南山垃圾发电项目为越南国家重点项目，位于河内硕山县，项目处理能力为 2 000 吨/日，项目拟 2016 年 7 月开工，为越南拟建最大的垃圾发电项目
19	越南	永福洪水风险和水资源管理项目	污水处理	22 000	2015 年	永福的洪水风险和水管理项目发展目标为加强洪水风险管理能力和废水管理中心集水能力。项目由三个部分组成：第一部分，通过对盆地的结构性措施来增加洪水风险控制能力；第二部分，水环境管理旨在改善人口稠密的小城镇和农村社区的环境条件，以及通过提供污水和排水服务来改善河流的水质；第三部分，实施支持、技术援助和加强机构的支持

序号	国家	项目名称	项目类别	投资额/万美元	项目起始时间	项目简介
20	越南	芹苴城市发展和恢复项目	污水处理	32 200	2015 年	越南芹苴城市发展和恢复项目的目标是减少城市核心地区的洪水风险，改善城市中心和低风险区域的联通性，并增强市政府控制灾害的能力。项目由三个部分组成：第一部分，洪水风险管理和环境卫生的目标是减少芹苴城市的洪水相关风险。它有三个子组件：第一个组件为重点防洪投资在城市核心部分。第二个组件为排水系统和污水系统；第三个组件为实行城市洪水风险管理系统和预警系统。第二部分，城市走廊发展的目标是增加城市内部连接和鼓励紧凑，多功能，行人和公共交通导向的城市发展。第三部分，空间规划平台和金融和社会保护工具的目标是建立管理系统，以提高空间规划，数据和信息管理，灾后预算执行，以及安全网对洪水事件的响应
21	越南	胡志明城市第二环境卫生项目	污水处理	49 500	2012 年	越南胡志明市第二环境卫生项目的目标是通过可持续发展的方式和提高卫生意识来提高废水服务。项目包括以下四个部分：第一部分，将目前未处理的污水直接排放东侧的西贡河的废水输送至新建污水处理厂；第二部分，污水处理厂将废水收集在 NLTN 盆地等地区；第三部分，排水区 2 区组件将补充大阮防洪措施计划；第四部分，建设监理和项目
22	越南	越南工业污染管理项目	环境评价	5 885	2010 年	工业污染控制项目的目标是使越南四个省排放的工业污水满足工业污水处理标准。这个项目有三个部分：第一部分为环境政策、监控和执行；第二部分为支持环境监测基础设施的发展和环境的改善执法活动；第三部分为支持工业污染信息披露系统的发展
23	越南	越南主要基础设施项目	污水处理	21 846	2005 年	岘港主要基础设施投资项目的目的是通过一体式投资，包括城市升级、改善环境和开通道路，以及加强措施制度来提高城市服务的效率、有效性和可持续性。项目有四个部分：第一部分是城区升级；第二部分是项目的环境基础设施的改善，包括污水管网系统、河道环境、污水系统；第三部分是城市道路和桥梁；第四部分是城市职能部门能力的建设和项目实施的支持

序号	国家	项目名称	项目类别	投资额/万美元	项目起始时间	项目简介
24	越南	沿海城市环境卫生项目	污水处理及固体废弃物处理	17 210	2004 年	发展越南沿海城市环境卫生项目的目标是通过可持续发展的方式提高城市的环境卫生，从而提高城市居民的生活质量。项目包括六个组件：第一个组件，投资防洪、排水和污水收集系统；第二个组件，投资污水处理厂；第三个组件，投资卫生填埋固体废弃物管理和设备提供；第四个组件，在两个项目城市投资安置区域；第五个组件，建立循环基金改善家庭环境卫生，在学校建立供水和卫生设施；第六个组件，为项目实施技术支持和能力建设
25	越南	岘港可持续城市发展项目	污水处理	27 220	2011 年	岘港可持续城市发展项目的发展目标（SCDP）是改善更多城市居民的排水、污水收集和处理服务、公路干线网络，公共交通在选定地区的城市岘港。包括五个组件：第一个组件是改进排水和污水系统；第二个组件是快速公交的发展；第三个组件是城市道路建设；第四个组件是技术帮助和能力建设；第五个组件是转移活动岘港重点基础设施投资项目
26	菲律宾	马尼拉污水管理项目	污水处理	37 170	2010 年	菲律宾马尼拉污水管理项目的目的是改善马尼拉及周边地区的废水服务。项目由两部分组成：第一部分，马尼拉水务公司投资污水服务。该组件包括马尼拉水务公司在东部的关于污水收集和处理部分的技术援助和投资在污水收集和处理区；第二部分，由 Maynilad 投资的废水服务。该组件包括 Maynilad 在西部的关于污水收集和处理部分的技术援助和投资在污水收集和处理区
27	菲律宾	GEF-马尼拉污水系统三期项目	污水处理	9 281	2005 年	GEF-马尼拉污水系统三期项目目标是协助菲律宾政府项目地区：认清基本调整管理、制度、监管实践和现有立法，用来吸引废水接受领域的投资者；增加机构水污染控制的有效性；以及增强协调并促进创新，建立起简单而有效的废水处理技术工程系统

序号	国家	项目名称	项目类别	投资额/万美元	项目起始时间	项目简介
28	菲律宾	马尼拉污水系统三期项目	污水处理	8 446	2005年	菲律宾马尼拉污水系统三期项目包括：①在马尼拉污水服务区域，通过集成方法提高污水管理能力，提高人民水污染问题意识并了解解决方案，增加污水处理服务的覆盖率和有效性；②在马尼拉污水管理方面建立金融和技术可行性的新方法

资料来源：世界银行、亚洲开发银行、中国新能源网以及中国-东盟环境保护合作中心资料。

从环保产业项目类别来看，污水处理类占较大比例，且污水处理项目多与给水、环境卫生等项目一体化，是整个市政给排水基础设施建设项目的一部分。这和东盟国家的城市化水平、经济发展情况密切相关。新加坡作为东盟发达国家，环保产业已经向清洁能源方面发展；泰国、马来西亚作为发展中国家，城市化相对水平较高，但污水处理等基础设备仍不够完善，为满足社会需要还在进一步建设中，同时固体废物处理项目也在大力发展；柬埔寨、越南、菲律宾作为较不发达国家，社会发展水平虽相对落后，但近年来经济发展、城市化速度加快，带来大量市政基础设施建设需求。因此，这些国家的环保项目，主要为污水处理设施和部分固体废物处理项目。

从环保产业发展阶段来看，目前东盟的环保产业项目多处于给排水基础设施建设的初级产业阶段，项目内容多集中于污水处理厂建设、扩建、市政管网布设，以及配套的管理措施等，环保设施运营经验较为缺乏，环保项目种类较为单一，鲜有对区域环境实施系统的治理措施，还未形成完备的环保产业体系。

3.2.2 东盟国家规划建设的重大环保项目

根据世界银行和亚洲开发银行的项目库数据以及相关资料，统计近年来在东盟各国规划建设的环境保护项目，项目概况见表 3-2。

表 3-2 东盟规划建设重大环境保护项目概况

序号	国家	项目名称	项目类别	投资额/万美元	项目简介
1	马来西亚	马来西亚同孟加拉国签署基础设施建设项目	含污水处理	250 988	马来西亚同孟加拉国签署基础设施项目合作备忘录。根据备忘录，马来西亚获得孟加拉国高达 100 亿林吉特的基础设施建设项目，涉及房屋、别墅、天桥、污水处理站等
2	马来西亚	马六甲可持续发展城市行动计划	绿色城市	—	以马六甲为试点基础，打造绿色城市
3	泰国	泰国 5 个市政垃圾发电	固体废物处理	27 904	2015 年 7 月，华西能源公司与泰国 SPS1999 公司合作签订泰国 5 个市政垃圾发电 EPC 总承包项目，单个处理量为 600 吨/日，装机容量为 9.5 兆瓦，总投资额为 2.7 904 亿美元
4	菲律宾	菲律宾可再生能源项目	新能源	4 400	运用新能源技术，发展再生能源
5	越南	全国城市供水和污水处理项目	市政给排水	23 620	新建城市供水、污水处理基础设施，保证城市供水，提高污水处理能力
6	越南	医院固体废弃物管理项目	固体废物处理	15 500	建立医疗废弃物管理设施，有效管理医疗卫生废弃污染物

序号	国家	项目名称	项目类别	投资额/万美元	项目简介
7	印度尼西亚	印度尼西亚棉兰城市垃圾焚烧发电厂项目	固体废物处理	17 000	印度尼西亚棉兰城市垃圾焚烧发电厂项目为当地第一座垃圾焚烧发电项目，日垃圾处理量为 1 500 吨，设计年发电量为 2. 365 亿千瓦时
8	印度尼西亚	全国农村供水和安全卫生项目	含市政给排水	106 944	印度尼西亚针对全国 1 500 个村庄，为 800 万人民提供卫生安全供水设施，并提高改善 700 万人口的供水设施
9	印度尼西亚	全国 7 大城市垃圾发电项目	固体废物处理	—	在印度尼西亚全境选定 7 个大型城市建设垃圾焚烧电站，这 7 个城市分别是雅加达、唐格朗、万隆、三宝珑、日惹、泗水和孟加锡
10	老挝	森林可持续发展项目	森林生态	3 939	执行项目减少砍伐森林和森林退化产生的排放，通过参与式活动对可持续森林管理和森林景观进行试点

资料来源：世界银行、亚洲开发银行、中国新能源网。

从产业地理分布来看，近年来在东盟规划建设的环境保护项目，以再生能源和给排水为主。综观上述对外工程承包企业业绩可以看出，目前中资企业在东盟国家的具体项目并不多，但许多企业早已把东南亚作为固废市场开发的目标区，例如 2013 年锦江集团与印度尼西亚曼丹省签署印度尼西亚项目总体投资合作协议书。2015 年 11 月，中国 7 家垃圾焚烧发电企业同时竞标雅加达 Cakung-Cilincing 垃圾发电项目（Intermediate Treatment Facility，ITF），分别有杭州锦江集团（PT. Indo Green Group）、北京环卫集团、重庆三峰环境产业集团有限公司（PT. Inovasi Pamea Pratama）、桑德国际、卡万塔能源（中国）投资有限公司、海螺水泥和中鼎工程股份有限公司。中资企业进入东南亚环保市场的主要原因是，东南亚地区作为全球海上交通要道，随着积极经济刺激政策的实施，已经成为全球经济活动最活跃的区域之一，而东南亚国家也是我国实施“一带一路”倡议的重要合作伙伴，市场需求量大。

同时，东南亚很多国家内部也大力支持发展固废及市政项目。例如，越南政府 2014 年签发 1196 号决定，批准“动用社会财力投资兴建供排水系统和生活固体废物处理系统”提案，要最大限度动用广泛的社会财力，优先民营投资。2016 年 2 月，印度尼西亚内阁发布新法令，要在印度尼西亚全境 7 个大型城市建设垃圾焚烧电站。又如，泰国财政部正准备启动一系列基础设施基金来寻求公共基础设施项目的私人投资。根据泰国政府第三次修订的 2010—2030 年发展规划，到 2030 年完成 55 000 兆瓦新产能建设，电力生产和传输的投资约为 8 000 亿泰铢，预计到 2022 年总发电量中的 39%来自可再生能源。

3.3 东盟环保产业发展机遇与挑战

3.3.1 东盟环保产业发展机遇

近年来，东盟环保产业进入快速发展阶段。东盟各国发展程度存在较大差异，推动东盟环保产业发展机遇主要如下：

一是以新加坡为首的经济发展较快国家，经济实力雄厚，环保产业发展基础较好，市场较为完善，投资风险小。

二是部分东盟国家经济发展阶段带来的环境问题日益突出，环保产业需求量较大，发展前景较好。部分东盟国家由于资源丰富、成本低，国内国际市场需求旺盛，在高利润驱动下，多出口高能耗、高资源使用产品。这一方面使环境污染情况日益恶化，当地居民的生活质量难以得到保障；另一方面也不利于经济的可持续发展。随着各国环境污染以及环境问题的频繁出现，东盟各国已意识到可持续发展的重要性，积极发展环保产业。

随着经济增长，各国政府已逐渐开始关注环境问题，发展环保产业。例如，越南近年来环保产业发展迅速，占 GDP 的比重日益提升。产值由 2005 年占 GDP 的 0.97%增至 2010 年占 GDP 的 1.10%，2010 年越南环保产业市场规模为 11.4 亿美元，同比增长 9%。环保产业增幅持续高于 GDP 增幅 2～3 个百分点。供水服务、污水处理服务、废物处置服务、水设备及化学药剂是最主要的部门，这些部门 2010 年市场规模共计 9.4 亿美元，约占全部环保产业市场的 82%。越南环境服务业的发展主要依靠以下措施：一是基础设施建设的推动；二是加强执法；三是探索用公私合营的方式来引进资金和技术。从环境服务进出口贸易来看，越南环境服务，特别是关键产品和服务，如环境监测，仍然主要依靠进口。因此，需要从国外引进高水平的环境产品或提供达到国际标准的环境咨询和工程服务。

三是多国推行产业促进政策，大力扶持环保产业发展。东盟各国为解决本国较为突出的环境问题，均把相关环保项目列入优先鼓励的投资领域。同时，各国为促进本国环保产业的发展，制定了相关产业促进政策。

2002 年，文莱环境保护局颁布了《产业发展污染控制指南》，对水污染控制、空气污染控制、噪声污染控制、有害废物控制、有害工业废料控制等各项污染物的适用范围、处理处置方式、排放标准进行了详细规定。同时，文莱的第五个国家发展计划（1986—1990 年）中，包括有关保护热带雨林与生物多样性的政策；第六个国家发展计划（1991—1995 年）与第七个国家发展计划（1996—2000 年）中，为落实国家环境保护战略设定了具体实施方案。文莱于 2004 年成立了长期发展理事会，该理事会主要任务是制定《文莱达鲁萨兰国长期发展计划（2035 年远景展望）》。2008 年 1 月 19 日，文莱首相府发布《文莱达鲁萨兰国长期发展计划》，环境保护被列为八大战略方向之一，成为文莱未来经济可持续发展的重要方向。在2007—2012年的国家发展计划中，环保相关支出超过25亿文莱元。

印度尼西亚环境部在2000年发布了“2000—2005年清理河流项目”的行动计划，这一项目的主要目的是在全国开展保护河流工作，防止污染。2007年，政府专门制订了应对气候变化的“国家行动计划”，并借举办巴厘岛气候变化会议之机，大力开发生物质能、地热等清洁能源，积极推动环保经济成为新的增长动力。

马来西亚“九五”期间水利服务基础设施建设规划，“九五”新的排污工程项目以及47项续建项目，共计需要花费30.12亿林吉特。

菲律宾政府在《中期发展规划（2004—2010）》中，将环境与自然资源列入中期规划；同时，菲律宾拟采用“不燃烧”技术处理多氯联苯废弃物，其目标是采用商用化“不燃烧”技术处理1 500吨含多氯联苯的设备和废弃物，该项计划是菲律宾高效利用商用技术的一次尝试，也是履行斯德哥尔摩公约的一项举措。

泰国“绿色标签计划”由泰国可持续发展商业委员会于1993年10月发起，并于1994年实施。发展该计划是为了促进资源保护、减少污染和对废旧物的管理；提供可靠的信息，并且在消费者选购产品时起指导作用；为消费者做出自主的环保决定创造机会，刺激市场、鼓励生产商提供和进一步发展环保产品。

柬埔寨政府从1998年开始制定《国家发展战略五年规划》，其中《三年国家公共投资计划安排》是五年规划中的一个短期计划，被列入年度财政预算，保证公共投资项目的实施。2010—2012年的公共投资计划旨在向国际社会和国内传递柬埔寨3年内政府公共投资的领域重心和投资力度，以促使国际投资、国际援助优先考虑其重点需求。

缅甸和平与发展委员会在 2011 年 1 月颁布了《缅甸经济特区法》，该法的颁布为经济特区批准外资项目界定了基准，通过建设经济特区，加速国家经济发展。在《缅甸经济特区法》中列明了特区内可投资项目、领域和优先鼓励投资项目，其中环保项目属于优先鼓励项目。

3.3.2 东盟环保产业发展挑战

东盟环保产业发展虽然速度较快，但环保产业相对其他地区来说发展较晚，仍存在一定的挑战，主要如下：

一是如何实现环境保护与经济发展的动态平衡。环境保护是一场"持久战"，需要持续的政策、资金和技术支持。部分东盟国家处于工业化绿色转型的重要阶段，部分东盟国家又处于实现快速工业化的初期发展阶段，推动环境保护与经济结构的平衡发展以及包容性增长是东盟国家的重中之重。

二是推进环保产业发展的相关政策有待完善。由于环境保护的交叉特征，许多国家成立不同的环保协调团体、机构，这不仅阻碍了环保的整体规划，也增加了环保工作的复杂性。以老挝为例，老挝制定了一系列关于环境保护的法律，但因部分法律条款相对原则化、可操作性有待加强，人力资源和财政预算相对不足，且环境影响评估体系尚不健全，增加了环保工作的复杂性。

3.4 东盟重点国家环保产业发展分析

本节主要选取东盟国家中经济发展较为快速、环保产业市场前景较广阔的泰国、马来西亚和印度尼西亚三国，介绍三国环境管理情况、环境政策与法律情况，分析三国环保产业发展情况与趋势。

3.4.1 环境管理概况

3.4.1.1 泰国

泰国主要环境管理情况如下：

（1）水环境保护

泰国水资源丰富，年均降水量为 1 560 毫米，但由于生活污水和工业废水未经处理排入河流导致其水质受到污染，河口附近尤为严重。目前，泰国的生活污水排水设施以观光场所为中心已经逐渐得到配备，但城区人口密集，生活污水处理设施建设滞后；工业排水设施中，只有集中于曼谷的跨国公司设施较为完善，中小企业排水设施依然落后。

此前泰国政府虽已将给水工程列为发展重点，但对污水处理工程的重视程度不够。泰国从 20 世纪 90 年代开始建设污水处理设施，并增设废水管理处。废水管理处已提出 20 年长期污水改善计划，在曼谷、清迈等大城市建设 40 座污水处理厂，针对曼谷及周边城市兴建 6 座污水处理厂，并规定住户超过 500 户的大厦、房屋超过 200 间的旅馆需自行配备污水处理设备，以改善污水问题。此外，泰国政府还对 2 万家高污染废水排放企业进行管制，要求其安装排水处理设施，但仍有许多中小企业因资金缺乏而无法设置。

现阶段，泰国供水系统开始老化，对农业灌溉用水影响更甚。据泰国政府调查，全国 40%的老旧供水管路需要轮换作业。为满足城市用水，都市水管理局和地方水管理局除了提高国内供水量外，还针对净水厂进行了部分扩建和改善。

（2）大气治理

泰国大气污染主要源于工厂、运输、发电，以及农业部门对废物的不当燃烧。1983 年泰国就开始监测和控制空气质量，目前泰国共设立了 53 个空气质量监控站，通过监测控制站与曼谷的污染控制局计算机网络系统中心联网，对各地空气质量进行有效监控。

泰国也积极采用清洁燃料和清洁技术来改善空气污染，如制定汽车排放标准、鼓励使用天然气等。对于用褐煤燃料的发电站，泰国政府要求利用除尘装置及脱硫装置等基础处理技术来解决污染。

（3）固体废物处理处置

泰国的废弃物处置中有 80%采用露天堆砌，12%为卫生填埋，8%为回收利用。部分老旧填埋场即将饱和，废物处理成为泰国政府亟待解决的环保问题。泰国的工业废物污染非常严重，尤其是在工业发达的曼谷及周边地区，以及泰北地区。1995 年，泰国政府提出了扩增卫生填埋场的中长期发展计划，借此提高利用卫生填埋处理废弃物的比率。此外，泰国也在重点发展垃圾焚烧技术。泰国还成立了工业区管理局，对工业危险废物进行检测，各工业区的工厂都必须按照工业部的要求来监测危险废物的运输、储存和填埋。

3.4.1.2 马来西亚

马来西亚环境管理概况主要如下：

（1）水环境保护

马来西亚全国用水的 98%取自河流，然而由于对废物和有毒物质的不合理排放，导致 10 余年来马来西亚的河流系统遭到破坏和退化，水资源质量下降。受污染河流主要分布在经济发达地区，其中有 50 余条河流污染严重，10 余条河流受到轻微污染，还有 40 余条清洁河流。

马来西亚已经把水资源的利用和保护列为国家发展战略之一。2009 年，联邦政府财政预算的重点是为每个马来西亚人提供清洁的水资源条件，政府支出 8 500 万美元用于更新农村供水设施。联邦政府在给水工程上为州立政府提供软贷款的金额超过 27 亿美元。联邦政府也为污水处理产业提供大量资金支持。

1994 年，马来西亚的污水处理开始民营化，污水处理服务的运营和维护已经特许给英达丽水集团管理，新山、吉兰丹、沙巴、沙捞越地区除外。英达丽水集团为马来西亚建造了 8 000 个污水处理厂、500 个网络泵站、17 000 千米污水管道、50 万个家庭化粪池。2006 年，马来西亚能源、水资源与通信部在吉隆坡、森美兰、马六甲投资了 11.3 亿美元建造了 4 个污水处理厂，总规模 4 万吨/日。

不过，由于国民普遍拖欠排污费，政府津贴又不足以弥补成本，英达丽水集团营运成本逐年增加甚至入不敷出，影响服务质量和正常运营。为此，马来西亚政府开始整合水务资产。中央政府接管了柔佛、马六甲及森美兰州的水务资产，并在第十个五年计划期间接管全部州属水务资产。为确保水务公司迈向更完善的营运方式，政府在“第十个马来西亚计划（2011—2015）”中要求水务公司拟订详细的 30 年商业计划及 3 年营运计划。这两项计划将促使水务公司妥善运用本身的资金，而且让水务资产管理公司规划未来的资金来源。国家水务服务委员会将负责监督所有的水务公司，根据它们所提交的发展计划，监管其营运并调整水费。

（2）大气治理

马来西亚的经济增长主要建立在制造业、化工、橡胶工业的基础上。工业的蓬勃发展引起一系列空气污染问题。目前，马来西亚用于发电的能源 86%来自传统化石燃料，天然气、石油和煤的使用造成大量空气污染物的排放。由于人口和经济增长，马来西亚国内固体废物处理产业发展缓慢，大量超出处理设施容量的固体废物被非法开放式焚烧，加剧了大气污染程度。

马来西亚政府主要从以下几个方面开展大气污染控制工作：加强对国家可持续发展战略的规划和实施；加强公众教育；对自然资源和环境进行有效管理；预防和控制环境污染与环境退化；制订并实施具体行动计划等。马来西亚第九个五年计划（2006—2010）中提到，国家将建立并实施一套新的清洁空气行动计划。该计划主要涉及能源、交通、工业、土地利用、公众意识、科学研究、相关信息技术等领域。

（3）固体废物处理处置

马来西亚人均生活垃圾产生量约为 0.8 千克/日，全国生活垃圾产生量约为 2.5 万吨/日，工业废物产生量约为 5 万吨/日。另据估算，2020 年马来西亚全国生活垃圾产生量将达 3 万吨。直到目前，马来西亚的固体废物处理处置方式仍是以填埋为主，约 90%的固体废物被填埋，2%被焚烧，5%被回收，还有部分固体废物被非法排放。在马来西亚全国共有 291 个填埋场，其中 179 个填埋场仍在运行，112 个填埋场已经关闭。

早在 2001 年，马来西亚政府就曾经计划在吉隆坡建设当时全亚洲最大的垃圾焚烧厂来缓解垃圾填埋场的压力，但因当地居民反对而不得不中止了该计划。其后，马来西亚政府在白余马伦、兰卡威岛、刁曼岛和邦咯岛分别建设了 1 个小型垃圾焚烧厂，主要是为了节省岛上空间和运输费用。另外，由于马来西亚穆斯林居民数量众多，导致垃圾堆肥的推广存在一定的限制，因为需要将大量餐厨垃圾做清真和非清真区分，并需要考虑堆肥厂的穆斯林员工。垃圾填埋尽管应用较多，但卫生填埋的比重很低，仅有 8 座卫生填埋场，其余均没有防渗透膜和甲烷回收系统等。

马来西亚实施固体废物管理全面私有化。1997 年至今，马来西亚已经将全国的五个区域（北部、中部、南部、东部的沙巴、纳闽和沙捞越）的固体废物（不包括危险废物）管理分别特许承包给四家公司。这四家公司获得了为期20 年的固体废物管理特许权。固体废物私有化的服务费用由公民和社区对垃圾收集进行单独交费，至今合理的收费方式尚未确定。危险废物的处理处置承包给了一个联营企业，该企业在咖啡山和森美兰建设了集中处置危险废物的综合性设施。

3.4.1.3 印度尼西亚

印度尼西亚主要环境管理概况如下：

（1）水环境保护

印度尼西亚人均水资源可达 1.4 万立方米/年，但是各地区差别很大。在全国水资源划分的近 90 个主要的江河流域中，有 60 多个面临严重的水短缺和取水问题。印度尼西亚拥有部分亚洲污染最严重的水体，污水处理设施短缺是造成该问题的主要原因。例如，雅加达地区只有不到 3%人口的生活污水连接到污水处理系统，城市垃圾通常排放到私人化粪池或直接排入河流或沟渠。在农村地区，由于使用农药和化肥的径流流入河流，导致河床中藻类堆积过多，同时毒性物质的含量增加导致海洋生态被破坏。

为解决印度尼西亚可能面临的缺水问题，印度尼西亚政府已经从多方面做出了努力：

①对水资源部门进行了一系列改革，提高了国家水资源管理体制的效率。例如，改善水资源开发和管理的国家制度框架，管理江河流域的组织和金融框架、地区水质管理制度，建立严格的水质标准以及实施国家灌溉管理政策、制度及规定等。

②向私有部门开放供水领域。从 2003 年开始，印度尼西亚环境部同意

私营企业介入国家水资源管理，并可以以特许经营合同的形式与国有企业合作，进入供水领域，以弥补供水基础设施建设所需资金，提高水资源利用和管理效率。

（2）大气治理

空气污染及空气质量恶化已成为印度尼西亚许多城市的重要环境问题。雅加达、泗水、三宝珑、万隆以及棉兰市的空气污染最为严重。空气污染包括烟灰粒子、有机有害物质、重金属、酸气溶胶和灰尘。较小的颗粒更危险，因为它们更容易被吸入。

造成空气污染的主要原因有机动车排放水平快速上升（90%的车仍然使用含铅汽油）和棕榈油种植园开发不当引起森林火灾等。1997—1998 年在加里曼丹的森林火灾影响到许多东南亚国家，导致学校和企业关闭，相关呼吸系统疾病产生率和死亡率增加。

面对日益恶化的大气环境，政府采取了一系列措施，例如在 10 个试点城市设立了污染物监测点，并通过空气监测网向公众发布空气质量信息，确立污染物标准指数，监控森林大火。同时，政府收回了一些林业公司的经营许可证，以降低烧荒可能导致的森林大火的风险。

（3）固体废物处理处置

2006 年印度尼西亚的国家环境报告指出，大城市的垃圾数量呈几何倍数增长。2005—2006 年产生的垃圾数量大约增加 20.9%。1995 年垃圾产生量为每天人均 0.8 千克，然而近几年已升至每天人均 1 千克。

印度尼西亚的固体废物处理方式主要有简单堆放、堆肥、厌氧处理、焚烧以及卫生填埋。由于垃圾含水量高，热值低，焚烧效率非常低下且价格昂贵。印度尼西亚最为适合的固体废物处理方式是卫生填埋，但多数城市受条件限制，很多填埋站都是露天堆放。首都雅加达只有一座从 1989 年开始投运的垃圾填埋场，日处理量 5 500 吨。为应对固体废物污染问题，印度尼西亚政府在 2007 年确立了国家层面的固体废物管理政策体系，说明了固体废物的处理目标、方法；2008 年颁布了《垃圾管理法》，以完善固体废物管理。同时，为避免中央政府多部门在固体废物管理中的权力重叠，政府将固体废物管理权下放给地方政府，使其在固体废物规划和处理中拥有更大的管理权，从而提高工作效率。

3.4.2 环境政策与法律概况

3.4.2.1 泰国

（1）管理机构设置

为了加强环境政策的实施，促进国家环境的保护与改善，泰国政府从上至下设置了一系列环境部门。泰国国家环境保护的最高管理机构是国家环境委员会。该委员会由总理担任主席。

委员会的主要职责是负责制定促进和保护环境的政策计划及国家环境质量标准；审批国家环境质量计划书和地方环境质量执行计划书；向国会提出用于执行国家环境促进、保护的政策计划的资金、财政、税费和增加投资方面的措施、建议；为使《国家环境质量促进和保护法》更加完善，该委员会还可向国会提出对其修订、调整的意见和建议，出台相关规章条例、地方法规、公告、工作程序和相关指令；在发现某地方政府或国有企业违反或不遵守该法的规定而造成重大损失的情况下，可向总理提出意见以便调查处理。

（2）主要法律法规

泰国政府于1975年即制定并实施了环境保护的基本法——《国家环境质量

促进和保护法》。根据该法，泰国政府建立了发挥行政作用的国家环境委员会，致力于环境改善。随着新的环境问题的出现，泰国对其环境保护基本法先后进行了三次修改和补充，修改时间分别为1978年、1979年和1992年。

1992年对该法进行进一步修订时，旨在实施重组和强化国家环境委员会职责，保证居民参与的权利，援助非政府环境组织，设立环境基金，采用污染者负担原则，设置了限制公害及保护环境的6项环境质量标准，加强惩罚条例等。关于环境影响审查的法律措施1975年就写入了国家环境保护基本法中，并从1981年开始持续实行环境政策，在住宅、公路、旅馆建设及工厂布局等方面都取得了一些成果。在1969年制定、1992年修订的《工厂法》中，政府还规定了废气标准和排水标准。

此外，泰国政府对其环境问题还采取了一些其他对策：一是水质污浊对策，减少企业的废水排出，禁止向污染严重的地区排出废水，奖励废品再利用技术；二是大气、噪声对策，针对汽车采取减少废气，提高基准，改善发动机质量，配备大规模运输系统（减轻堵塞），降低噪声程度，针对工厂则采取加强二氧化硫和煤灰的管理、重新配置工业区、实施煤火力发电站造成的大气污染对策；三是奖励工业废物处理，在工业区建设有害废物集中处理厂。另外，泰国还吸取了其他国家的经验教训，在工业部设置了工业区管理机构，对工业区的排水和废物处理实行了严厉的限制。

（3）产业管理政策

一是管理政策。泰国允许外商注册三种类型的公司：独资公司；合作公司（未注册普通伙伴、注册普通伙伴、有限合作）；有限公司（公共有限公司、私人有限公司、有限合作公司）。根据 1999 年颁布的《外商投资法》规定：服务行业的投资，泰国籍投资者的持股量必须不低于 51%；工业企业的投资，无论生产场所设在何处，允许外商持大股或全部股；除非有特殊理由，投资促进委员会将规定某些行业外商投资的限额。

1978 年修订的《外国人就业法》规定了外国人申办工作许可的程序、可从事的职业等。到泰国从事商业活动的外籍人士，首先必须得到劳动部外侨工作管理部门的批准。工作期间，还必须得到移民局的居留延期签证才可以工作，否则被视为非法入境或非法劳工。

二是经济政策。根据 2005 年 7 月正式实施的《中国-东盟全面经济合作框架协议货物贸易协议》，自 2007 年 1 月起，中国和东盟 6 个原成员国，即泰国、马来西亚、印度尼西亚、菲律宾、新加坡、文莱，60%商品的关税将降至 0～5%；2010 年中国-东盟建成自贸区，绝大多数正常产品关税降至零。2007—2009 年的 3 年内，东盟的 3 个新成员国，即柬埔寨、老挝和缅甸，根据东盟优惠关税整合系统，泰国将给予特别进口关税优惠。

三是产业促进政策。泰国“绿色标签计划”由泰国可持续发展商业委员会于 1993 年 10 月发起，并于 1994 年 8 月由泰国环境协会联合工业部共同正式实施。泰国绿色标签的参与是自愿性的，适用于产品和服务领域，但不包括食品、饮料和药品。

开展该计划是为了促进资源保护、减少污染和加强对废旧物的管理，授予绿色标签的目的是提供可靠信息，在消费者选购产品时起指导作用；为消费者做出自主的环保决定创造机会，以刺激市场、鼓励生产商提供和进一步发展环保产品；生产、使用、消费和产品处理过程减少对环境的影响。

3.4.2.2 马来西亚

（1）管理机构设置

马来西亚政府环保主管部门是自然资源和环境部下属的环境局，主要负责环境政策的制定及环境保护措施的监督和执行。环境局下设负责处理空气、河流、水利以及工业废物的部门。

（2）主要法律法规

从 20 世纪 70 年代以来，环境恶化引起了马来西亚政府的重视，马来西亚政府自 70 年代中期以来开始采取措施以减轻污染。1974 年，马来西亚政府颁布了《环境质量法》。这项法案包括控制空气污染、噪声污染、水污染、水土污染、石油污染等内容。《环境质量法》规定，新的工程在得到批准和实施之前要预先作出环境影响评估，把污染控制作为一种治疗性的措施。法案颁布后，马来西亚政府相继对它做了一些修改和补充，最近又增补了关于解决日益增长的危险废物导致的环境威胁；扩大环境执法部门的权力；加大环境保护力度，如加大罚款，对污染物的排放实施更加严格的标准，有权力关闭污染严重的企业等内容。马来西亚 1974 年《环境质量法》被认为是一项全面性的立法。这项法律是环境管理的一次重大突破，它提倡使用全面的、综合性的方法来治理环境，为协调全国环境管理活动提供了法律基础。根据这项法律，马来西亚政府建立了环境局。环境局负责监督环境质量；评估新工程可能带来的环境影响；制定环境法规；实施政府批准的规章制度。环境局在全国各州都有实施环境保护的分支机构，主要监测大气、河流、海洋的环境污染状况。根据马来西亚西海岸空气污染较为严重的情况，马来西亚政府派专家组进行调查。专家小组经过调查后得出结论，造成马来西亚半岛地区西海岸“烟雾”的原因是空气污染和气候条件共同形成的。于是马来西亚政府在有关棕榈油生产业环境质量法颁布后不久，又制定并实施了控制汽车污染的相关法规以控制汽车尾气排放，于 1977 年 12 月开始生效。按照上述法规，环境局以及公路运输部门、交通警察有权随意抽查汽车，对汽车是否违反规定标准进行检查，对违反标准者给予罚款。第二年，马来西亚政府又制定实施了有关清洁空气的环境质量法，于 1978 年 10 月生效。这项法律主要是针对随着工业发展而日益增长的工业污染，特别是那些污染非常明显的企业如沥青、水泥厂。这项法律引进了分期实施标准，这主要是为了使大多数企业能够达到标准，但又不过分增加负担。它在颁布前已经在工业界讨论过。这项有关清洁空气的法律也包括对城市废弃物和农村废弃物燃烧排放造成的污染进行处理的内容。马来西亚主要环境法律法规等具体见表 3-3。

表 3-3 马来西亚主要环境法律、法规、标准

分类	名称
基本法	国家环境政策、气候变化政策、1974 年《环境质量法》、1987 年《环境质量法》
森林保护	国家林业政策
土地保护	土地保护法、国家土地法
水资源保护	水法
生物多样性保护	野生动物保护法、国家公园法
环境影响评估	1990 年马来西亚环境影响评估程序、1994 年环境影响评估指南

资料来源：全球法律法规网，中国-东盟环境保护中心合作整理。

（3）产业管理政策

在管理政策方面，马来西亚鼓励外资投资的领域有：新兴工业、高科技产业项目、战略性项目、研发项目、技术转让和培训项目、信息通信、环保项目、航运及运输业、农业综合开发、旅游会展业、设立地区总部和国际采购中心。

马来西亚政府通过放宽外资股权限制、放宽外商投资领域、放宽外商投资企业的股东构成限制、放宽外商投资企业产品的内外销比例以及放宽外资管制，逐步取消撤资税来鼓励外商投资。

在经济政策方面，马来西亚政府制定了一系列的税收优惠政策以促进外商投资。例如，投资于环保产业领域，5 年内公司营业利润的 70%免缴所得税；从事植树造林行业，10 年内免缴企业所得税。对于获得“新兴工业地位”资格的高科技外商投资企业，其用于固定资产（含厂房、机器设备和零部件等）投资额的 60%，可在 5 年内抵消其应缴纳所得税的 70%。

在产业促进政策方面，为促进和吸引环境领域的投资，马来西亚政府在森林种植园、有毒有害废物处理处置、废物回收、节能、可再生能源、绿色建筑等行业，实行免征所得税、政府补贴等政策。

马来西亚“九五”期间水利服务基础设施规划：为了贯彻执行“九五”基础设施规划，政府拨款 16.78 亿林吉特用于城市供水计划，该项计划是“八五”水利服务基础设施规划的续建工程，共计花费政府拨款 13.58 亿林吉特。“九五”期间共有 11 项新的排污工程项目以及 47 项续建项目，共计需要花费 30.12 亿林吉特。

马来西亚政府实施绿色技术政策的目标是在发展经济的同时能够提高能源利用率；扶持绿色技术工业的发展，提高其对经济的贡献值；增强国家绿色技术改革实力，提高马来西亚在全球绿色技术领域的竞争力；确保实现可持续发展，为后代提供更好的生存环境；加强绿色技术公众教育，提高绿色技术意识，实现绿色技术的广泛应用。

3.4.2.3 印度尼西亚

（1）管理机构设置

负责印度尼西亚环境和自然资源管理的主要机构有4个，分别是环境部、海洋事务和渔业部、森林部、水资源管理部。环境和自然资源管理主要遵循的是印度尼西亚政府颁布的“印度尼西亚国家五年计划”。

环境部的主要职能包括负责建立健全环境保护基本制度、负责重大环境问题的统筹协调和监督管理、承担落实国家减排目标责任、负责环境污染防治的监督管理以及指导、协调、监督生态保护工作、负责环境监测和信息发布，促进公众参与环境保护以及环境信息传播等。

海洋事务和渔业部成立于1999 年末，其主要任务是承担综合协调海洋监测、科研、倾废、开发利用的责任，负责建立和完善海洋管理的有关制度，承担海洋经济运行监测、评估及信息发布的责任，承担海岛生态保护和无居民海岛合法使用的责任等。

森林部主要负责商业森林特许权颁发，农业生产活动管理以及陆地和海洋保护区日常工作。水资源管理部门主要职责包括保障水资源可持续发展，协调水资源综合管理，保障水资源公平公正的利用，减少洪灾带来的危害，提高社区、私人及政府在水资源保护方面的作用，提供全面的水资源开发及改造信息。

（2）主要法律法规

20世纪80年代以来，印度尼西亚已经开始重视环境与自然资源管理法律体制及框架的构建，开始对环境法、环境条例、环境政策的规范与完善付诸努力，并参考国外的环保法及监管标准对其本国环保法的建立以及环保监测标准等进行了更新。20世纪90年代，印度尼西亚政府通过监管、社区力量以及市场压力进一步促进各界对现行环境法律法规的支持，从而提高环境保护的效果。然而，虽然印度尼西亚的环境法律体系建设非常早，但由于其执行上存在很多体制方面的问题，时至今日，印度尼西亚的环境法律执行能力仍然有待提高，从国家到省区到地方各个层面的环境机构都面临环境执法中缺乏执法细节依据的问题，现行的印度尼西亚环境法律体系急需更新，近年来印度尼西亚政府也在不断讨论其环境立法体系和体制的变革以及中央政府及地方结构关系的改革，并由中央政府和中央议会进行改革评估。

①环境管理法。

现阶段施行的环境管理法颁布于1997年，其取代了之前1982年的印度尼西亚环境基本法。该法涵盖了印度尼西亚国家环境保护基本原则、任务、环境管理目标、环境权利及环境义务、社区的环境保护责任以及政府环境管理功能。该法第8条涉及的环境政策和管理方面的内容中就有包括基因资源在内的自然资源的管理。第37条规定了社区的环保行动法律依据以及公众对政府非环保行为发起诉讼的法律支持。

②环境影响评价。

虽然环境影响评价是印度尼西亚环境部的一项重要工作，其主要内容是对规划和建设项目实施后可能造成的环境影响进行分析、预测和评估，并提出预防或者减轻不良环境影响的对策和措施，但迄今为止，印度尼西亚还没有专门的环境影响评价法出台，有关环境影响评价的规定由其国内的法律22/1999以及国家规章25/2000来进行说明。如今，印度尼西亚正着手修改这两部法律，以期能更好地适应环评工作的需求。

③森林法。

印度尼西亚的森林法中的森林不仅仅将森林看作生态系统中的一部分，而是将森林视作一个保护区，最早的森林法颁布于1967年，是印度尼西亚最早的自然资源相关的保护法，主要包括森林资源管理。现行的森林法颁布于1999年，其主要负责的内容包括：森林物种分类；林业可持续发展的定义；森林土地利用分类；鼓励植树造林，扩大森林面积，并从财政上采取保护性措施；对护林防火、防治森林病虫害、保护珍稀动物和植物的规定；对森林采伐和森林更新制定的强制性措施。

近年来，积极推动环境法制的完善，以《水质污染防治规则》为开端，制定了《生态保护法》《环境影响评价规则》《有毒有害废弃物规则》《森林火灾防止规则》等多部法律法规，具体见表 3-4。

表 3-4 印度尼西亚主要环境法律、法规、标准

分类	名称
基本法	环境保护法、1997 年关于环境管理国家第 23 法、有关环境管理准则法
森林保护	森林保护管理法
生态系统	保护自然资源、生物资源及生态系统
土地保护	土地使用法
水资源保护	水污染控制法、工业废水排放标准、旅馆废水排放限制标准
固体废物	有毒和有害废物管理法
公共健康	公共健康法

资料来源：全球法律法规网，中国-东盟环境保护合作中心整理。

（3）产业管理政策

在管理政策方面，印度尼西亚负责投资审批的主管机构是国家投资协调委员会以及各地方政府。按照外资法，政府对最低投资限额没有规定，在印度尼西亚设立外国合资或独资企业，批准有效期为 30 年，若在此期间增加投资，将给所扩大项目增加 30 年经营期。印度尼西亚对外汇没有管制，印度尼西亚货币可自由兑换外币，外国投资所得利润完税后可以自由汇出。外商投资印度尼西亚的加工业，产品可在印度尼西亚国内市场销售。

在经济政策方面，近年来，印度尼西亚国家投资协调部出台了各种优惠政策，以鼓励与生产加工出口产品有关的设备和原料进口。减免税便是其中最优惠的措施之一。通过减免税政策，进入印度尼西亚的商品一半以上享受优惠措施。这类减让的范围正好说明所征的平均税率和进口加权平均税率为 8%的差别。

印度尼西亚国家投资协调局批准的项目，国内外经营者在进口原料和设

备时可享受关税和附加税的减免优惠。同时，投资者进口主要设备时也可享受免税；进口辅助设备时享受减税 50%；关税税率为 5%或低于 5%的生产原料在生产经营前 2 年进口时免税，关税税率超过 5%的生产原料减半征税；消耗性材料在生产经营的第 1 年也可获得免税。由国外贷款援助的政府项目在进口原料（包括建筑设备）时都可以享受关税减免。

（4）产业促进政策

①《环保战略计划（1994—1998)》。印度尼西亚环境影响署在 20 世纪 90 年代出台了《环保战略计划（1994—1998)》，该计划包括：发展环保标志计划；清洁河水计划；蓝天计划；清洁城市计划；植树造林；计划开采；维护生态平衡；开展清洁生产，促进可持续发展；控制生态环境退化计划；监控小型工矿企业生产对环保的影响；近海水域的污染控制；有毒和有害废物的管理计划；发展环境影响分析。

②其他产业促进政策。现阶段，印度尼西亚政府对环保的关注度越来越高。2000 年，印度尼西亚政府公布了一项名为“2000—2005 年清理河流项目”的行动计划，这一项目的主要目的是要在全国开展保护河流工作，防止污染。2007 年，政府专门制订了应对气候变化的“国家行动计划”，并借举办巴厘岛气候变化会议之机，大力开发生物质能、地热等清洁能源，积极推动环保经济成为新的增长动力。2010 年 1 月，根据《哥本哈根协议》向《联合国气候变化框架公约》秘书处提交作为非附件一缔约方的自愿减缓行动目标，印度尼西亚重申通过可持续的泥炭地管理，减少森林砍伐和土地退化的速率，发展林业和农业碳汇项目，提高能源效率，发展替代和可再生能源，减少固体和液体废物，转向低排放的运输方式，到 2020 年减少 26%的碳排放量。

3.4.3 环保产业发展现状与趋势

3.4.3.1 泰国

（1）宏观经济与产业结构

泰国是东盟十国中的第二大经济体，实行自由经济政策，属外向型经济。近 20 年来，泰国同亚洲其他新兴工业国家和地区一样，采取了出口导向的发展战略，积极发展对外贸易，大力引入外资。这种战略和相关政策使泰国经济经历了持续的高速增长，20 世纪 90 年代初进入中速增长阶段。

1997 年从泰国开始爆发的亚洲金融危机使泰国经济受到沉重打击，1998 年经济下降 10.8%，1999 年经济开始复苏。进入 21 世纪，泰国政府将恢复和振兴经济作为首要任务，经济持续好转。2002—2004 年，泰国人口由 6 280 万人增长到 6 330 万人，实际 GDP 增长率由 2002 年的 5.4%增长到 2003 年的 6.8%，截至 2004 年实际 GDP 增长率又微小下降为 6.1%。2002—2004 年这 3 年间，通货膨胀率逐步提高，由 0.7%提高至 2.7%，同时失业率由 2.4%下降到 2.1%，是其经济比较稳定向上发展的 3 年。2008 年全球金融危机对外向型的泰国经济影响颇深，加之国内政局动荡，使泰国经济出现近年来最大幅度的衰退，2009 年泰国 GDP 下降 2.3%。2010 年，泰国经济全面复苏，尽管经历了政局问题和自然灾害等负面因素的影响，但仍实现 7.8%的高增长。

产业结构方面，2010 年制造业产值 1 134.3 亿美元，占 GDP 的 35.6%，制造业主要有：采矿、纺织、电子、塑料、食品加工、玩具、汽车装配、建材、石油化工等；农业产值 418.4 亿美元，占 GDP 的 12.4%；旅游业收入约 180 亿美元，占 GDP 的 5.7%。

（2）环保产业发展现状与前景

环境保护在泰国已占有越来越重要的地位。2011 年，泰国国家经济与社会发展委员会秘书长阿空表示，政府在制定第 11 个《国家经济与社会发展五年规划（2012—2016）》中将重点关注 6 个方面，即稳定农业粮食生产、实现经济稳定增长、推动与邻国的良好关系及贸易往来、改善环境和保持可持续发展、推动社会公平、建立公民长期教育制度。预计 2012—2016 年的经济增长率将达到 4%～5%，通货膨胀率继续维持在 3%～4%。另外，根据《授权财政部借款用于建立水资源管理系统和建设国家未来法令》和《2012—2016 年基础设施投资计划》项下的支出，泰国政府借债额度和公共债务水平可能超过 2012 财政年度。

据弗若斯特沙利文（Frost & Sullivan）咨询和研究公司的调查分析，泰国的水处理市场受到工程咨询服务青睐，预计因城市和工业部门的需求回升，水和废水处理市场会有大幅增长。人口增长和对水资源短缺的日益关切，促使政府推动和鼓励水和污水处理领域。报告《泰国水和废水市场的市场增长机遇》中指出，到 2015 年，该市场很可能达到 1.773 亿美元收入。

泰国政府已经为供水和污水处理的发展和管理建立了一套综合措施。政府已经为灌溉项目投入巨资，并持续作出预算支出，以确保该国有足够的净水供应。政府的支持和严格执行有关法规预期会促进供应商市场，由于本地生产高科技产品能力有限，从而为国外进口产品和服务提供了商机。泰国大约 80% 的水处理设备从国外进口，如日本、美国和欧洲。

工业领域的回升拉动了泰国对水处理设施的需求。先进的水处理技术又会在高增长行业，如汽车、电子、电器、造纸和纸浆以及钢铁行业寻找到巨大商机。而环境意识的提高和制定全球环境保护标准的需要也会促进泰国水处理市场的发展。

其他领域方面，泰国政府未来还将投资 7.8 亿美元实施废弃物处理计划，该计划将兴建符合标准的卫生填埋厂有害废弃物管制中心，用于提供一般废弃物的最终处置。空气检测方面，泰国政府计划增建 30 座空气监测站，具体见表 3-5。

表 3-5 泰国部分水务设施建设计划

计划种类	投资额/美元	计划进行内容
给水工程	29 亿	提高城市与乡镇供水率，进行老旧输水管道淘汰工程
净水厂建设计划	7.72 亿	截至 2016 年完成全国净水厂扩建与新建工程
废水处理计划	—	20 年内增加 40 座污水处理厂及 6 座大中型污水处理厂
水资源管理	114 亿	加强水资源管理，预防水灾

资料来源：新加坡《联合早报》，中国-东盟环境保护合作中心整理。

3.4.3.2 马来西亚

（1）宏观经济与产业结构

20 世纪 80 年代中期，受世界经济衰退影响，马来西亚经济下滑。在政府采取鼓励私人投资和吸引外资等措施后，经济明显好转。1987 年之后，经济持续高速发展，到 1997 年亚洲金融危机爆发之前，年均 GDP 增长率一直保持在 8%以上。

1997 年的亚洲金融危机使马来西亚经济遭受严重打击，1998 年，马来西亚经济出现 13 年来首次负增长，失业率和通货膨胀率上升。1999 年，马来西亚政府以征收撤资税取代对短期外资的管制，外资开始回流。马来西亚经济开始复苏，全年经济增长 5.4%。2000 年，马来西亚经济在 1999 年复苏的基础上稳定增长，各项经济指数基本恢复到危机前水平，经济增长率达 8.5%。

21 世纪初的几年内，通过稳定汇率、重组银行债务、扩大内需和出口等政策，马来西亚经济保持较快速度增长。2008 年爆发的全球金融危机对马来西亚金融体系没有造成太大的直接影响，GDP 仍增长 4.6%。2010 年，政府公布第十个五年计划（2011—2015 年），将私营经济和以创新为主导的行业作为引领国家经济腾飞的主动力，并逐步改革被认为偏高的国内补贴制度，以减轻政府财政负担。第十个五年计划的发展支出共 2 300 亿林吉特，其中 55%用于发展经济。

2011 年，国际经济形势依然严峻，发达经济体疲弱不振，日本地震、海啸和泰国洪灾等自然灾害使亚洲制造业供应链被打乱，马来西亚经济受到一定的负面影响。尽管如此，马来西亚 GDP 实现 5.1%的增长，高于其他发展水平相当的国家（如泰国、墨西哥和俄罗斯）。2012 年以来，由于主要市场需求减少、出口下降，经济增长主要靠强劲的内需及投资拉动。在私人领域的稳定支撑下，国内消费和投资持续扩张，不断推动经济增长。2012 年和 2013 年，GDP 分别增长 5.6%和 4.7%。受外部经济环境复苏和内需持续增长的刺激，GDP 将增长 6%。

产业结构方面，20 世纪 70 年代以前，马来西亚以农业经济为主，依赖初级产品出口。自 20 世纪 70 年代开始，政府不断调整产业结构，大力发展出口导向型经济，电子业、制造业、建筑业和服务业发展迅速。同时实施马来民族和原住民优先的"新经济政策"，旨在实现消除贫困、重组社会的目标。

目前，服务业是马来西亚经济中最大的产业部门，2011 年占 GDP 比重 47.5%，吸收就业人口已超过 50%。其中，旅游业是服务业的重要部门之一，2007 年推出的"马来西亚旅游年"活动促进了旅游业的发展，2010 年全年吸引游客 2 458 万人次，游客主要来自东盟、中国、印度和中东地区。制造业是马来西亚国民经济发展的主要动力之一，主要产业部门包括电子、石油、机械、钢铁、化工及汽车制造等行业。2010 年，制造业产值为 1 546 亿林吉特，同比增长 11.4%，占 GDP 的 27.7%。此外，马来西亚的农业和采矿业也是重要的产业部门，其产值分别占 2010 年 GDP 的 7.3%和 7.2%。

（2）环保产业发展现状与前景

马来西亚政府近年来成功地将多个环保领域民营化，其中包括排水系统工程、污水处理工程、生物科技研发、有毒废弃物处理、空气污染监控及水资源供应。此外，更加实行免进口关税及营业税调降来促进环保产业发展。在经济增长的支撑下，其环保产业的市场需求不断扩大。水资源利用、污水处理、固体废物处理处置都显示出不小的发展潜力。据马来西亚城市污水处理建设规划显示，到 2015 年，马来西亚投入 2.5 亿美元用于 884 个污水处理厂和污水管道升级，投入 98 571 万美元用于污泥处理处置建设；到 2020 年，投入 122 190 万美元用于 3 748 个污水处理厂及污水管道升级，具体见表 3-6。

表 3-6 马来西亚城市污水厂处理建设计划（2006—2035 年）

项目	数量	目标完成年份	成本/亿美元
标准 A（集水区域）	884 个污水处理厂	2015	2.50
标准 B（非集水区域）	3 784 个污水处理厂	2020	12.22
污水管道修复	1 300 千米	2010	2.37
污泥处理设施建设	22.5	2015	9.86
区域污泥系统建设	17.4	2035	59.39
地下水系统维护	—	2035	4.68
污水收集系再制造	—	2035	0.91
总计			74.84

资料来源：马来西亚自然资源和环境部，中国-东盟环境保护合作中心整理。

另外，根据马来西亚 2010 年出台的第十个国家发展计划，马来西亚计划在 2011—2015 年内拿出 2 300 亿林吉特的发展拨款，其中 55%为经济领域拨款，30%为社会领域拨款，10%为安全领域拨款，5%为行政拨款。该计划将寻求以私营企业投资为主导，让更多的私人企业积极地参与到国家经济领域建设中来。

该计划为马来西亚未来五年的经济发展指明了方向，提出了“十大理念”和“五大策略”。其中“珍惜自然资源环境”是“十大理念”之一。在“五大策略”中，营造良好环境提升生活素质是重要部分，具体内容如：与环境和谐的住房，推行绿色概念指标和区分等级的系统，鼓励开发商开发绿色住宅区；管理水资源及供应，整合水务资产，分阶段调高水费以收回成本；改革固体废料回收管理体制，私营化三家家庭固体废料回收公司；建立再生能源基金和永续性能源发展机构；实施适应气候变化的增长战略；加大保护国家生态资产的力度等。

可以看出，马来西亚在促进经济发展的同时也注重对环境的保护，并且在2011—2015年，社会资本在马来西亚的经济领域扮演了越来越重要的角色，政府将为外资、私营经济进入环境产业提供更多便利条件以完成其吸收社会资本、促进经济发展的宏观目标。

3.4.3.3 印度尼西亚

（1）宏观经济与产业结构

2002年以来，印度尼西亚经济以每年4%～6%的速度稳步增长。即使在2008年全球金融危机中，印度尼西亚的表现也优于邻国，保持4.6%的增速，并迅速在危机后恢复6.2%的高速增长。近12年间，印度尼西亚的政府债务下降了70%，目前外债水平低于85%的发达经济体；通货膨胀率由20%下降至8%以下，堪比更成熟的经济体。

尽管经济增长速率较稳定，印度尼西亚自2012年以来实际GDP增速呈现下降趋势。2014年实际GDP增长速度为5.02%，比2013年下降0.56%，是2009年以来的最低点。其中，全年度固定资产投资增长4.12%，低于2013年的增速5.38%；政府开支增长1.98%，货物与服务贸易出口增长1.02%，其中货物出口下降3.43%。得益于消费和投资增速，印度尼西亚经济继续保持较快增长，但增速有所放缓。

印度尼西亚的石油储量约 97 亿桶，折合 13.1 亿吨。印度尼西亚天然气储量 4.8 万亿～5.1 万亿立方米。石油、天然气出口是政府财政收入的主要支柱。近年来由于产量下降，印度尼西亚宣布退出石油输出国组织，目前原油日产量约 95 万桶。2009 年，油气行业贡献了 19%的财政收入和 17%的出口额。农业是印度尼西亚的传统支柱产业。印度尼西亚自然条件优越，农作物生长周期短，主要经济作物有棕榈油、香蕉、咖啡、可可。印度尼西亚森林覆盖率达 54.25%，是世界第三大森林国家，全国有 3 000 万人依靠林业维持生计；胶合板、纸浆、纸张出口在出口产品中占很大的份额。印度尼西亚矿产资源丰富，采矿业为其国民经济发展创造了可观效益，是出口、增加中央和地方财政收入的重要渠道。主要的矿产品有锡、铝、镍、铁、铜、金、银、煤等。近 15 年来，随着工业化的发展，印度尼西亚的工业和服务业在整个国民经济中的地位发生着较大变化。根据世界银行发布的数据，2014 年工业和服务业实际产值合计 4197.7 亿美元，占同年实际 GDP 的 86.3%。

（2）环保产业发展现状与前景

尽管印度尼西亚是东盟最大的经济体，但该国仍然面临基础设施有待完善、各区域资源分配悬殊等挑战。为实现国民经济的可持续发展，降低环境污染对经济增长和当地居民健康的损害，政府将在未来持续投入资金，加强环保设施建设力度，预计在 2013—2020 年环保产业的投资需求将达 800 亿美元。但是，政府推行保守的财政政策，财政赤字低于 GDP 的不到 2%，这意味着，只有引入大量社会资本才可能弥补环保基础设施建设的资金需求，从而为外资企业参与印度尼西亚环保市场提供了更多机遇。

饮用水安全问题亟待解决。印度尼西亚是岛屿国家，环境污染、淡水资源分布不均导致的饮水安全问题一直是国家亟待解决的问题，尽管也引进了国外诸多先进的净水设备，但仍不足以完全满足国内的用水需求。在一些缺水地区，居民被迫以每立方米 2.9～5.8 美元的价格购买质量不等的饮用水。截至 2010 年，能够获得安全饮用水的人口仅占总人口的 44%。

城市供水基础设施的匮乏使印度尼西亚在未来 10 年持续在这一领域加大投入。约有 316 家地方政府所有的供水企业向全国提供管道用水，城市管道用水覆盖面为 39%，农村仅为 8%，还有很大的提升空间。政府计划到 2015 年，城市管道用水服务面将达到 60%，农村 40%。据政府估算，实现这一目标需投资 25 亿美元。资金将主要依靠社会资本，多以 PPP 模式实施，这将为外资进入水务市场带来广阔机遇。

固体废物处理处置需求迫切。2010 年，印度尼西亚人口达 2.37 亿人，同比增长 2.7%。人口的持续增长导致垃圾处理问题越来越严重。如果按人口年均增长 2%，人均垃圾产生量 1 千克/天保守计算，那么到 2015 年，垃圾日产量达 26.17 万吨。印度尼西亚的垃圾产生量增长迅速，但无论是垃圾的收运、处理还是回收利用，都未达到应有的水平。目前只有少部分固体废物被无害化处理，更多的为露天堆放，导致地下水污染严重，并加速了病虫害传播。一些未被分类的垃圾经过简单焚烧，对大气造成严重污染。与水污染治理类似的，政府由于资金有限，在一定程度上需要通过 PPP 或外国援助来开展垃圾处理工程项目。

工业污染治理需求增长。印度尼西亚的工业产业处于快速发展期，国民经济中期建设规划（2011—2025）提出的主要发展目标为：大力招商引资，为中期建设规划募集巨额资金，其中 2014 年投资总额 4 000 万亿印度尼西亚盾；重点发展农业、加工业、矿业、海洋渔业、旅游业、电信业、能源产业，以及拓展国家战略地区 8 个领域的 18 项主要产业，包括钢铁、餐饮、纺织、成衣、交通、造船、镍矿、铜矿、铝矾土、棕榈油、橡胶、可可、渔业、旅游、电信、煤炭和石油天然气等行业产业，以及雅加达和周边城镇的大都市经济圈、巽达海峡大桥及周边经济枢纽建设等；未来15年的年均经济增长率为7%～8%。

不断增长的工业产业规模，将使工业废水的种类和数量迅速增长，处理量和处理难度加大，这也将有力地带动配套的工业废水处理设施建设和运营市场需求。从印度尼西亚产业结构的发展方向来看，钢铁、冶炼、食品加工、纺织印染、石化都将是工业废水市场需求增长较多的领域。

中国与东盟重点国家环保产业合作

中国与东盟国家在环保产业领域合作具有天然的地缘优势和经济合作基础。东南亚是“一带一路”建设的重要支点，合作潜力较大。本章主要就中国与东盟国家开展环保产业合作的现状、有关政策及规定以及面临的机遇与挑战进行分析，并就未来开展合作的方向、基础和模式进行探讨。

4.1 中国与东盟环保产业合作现状

随着经济的快速发展，中国环境领域面临很多挑战。中国政府通过不断完善相关法律法规，企业通过引进、消化、吸收国外先进环保技术，并且在市场不断的发展过程中积累了丰富的实践经验，也在这一时期形成了具有特色的环保技术和产品。东盟国家在发展经济的过程中也面临众多的环境问题。中国与东盟在经济增长与环境保护相协调的目标中有许多共通之处。随着中国-东盟自由贸易区的建立，双方建立了深厚的经贸合作，中国与东盟的环保产业合作项目越来越多。

2007 年，环境保护被列入中国与东盟第十一个优先合作领域，并出台了一系列政策指导双方开展相关合作。2009 年 10 月，中国和东盟共同通过了《中国-东盟环境保护合作战略（2009—2015）》。2011 年为落实合作战略制订了《中国-东盟环境合作行动计划（2011—2013）》，该行动计划指出，中国与东盟将通过建立中国-东盟环境技术交流与合作网络，在环境能力建设、环境产品和服务合作、环境影响评价、环境无害化技术、环境标志与清洁生产等领域进行交流与合作，并开展联合研究以及示范项目。

2012 年，中国制定了《中国-东盟环境保护技术与产业合作框架》。该框架通过以下 4 个方面促进中国与东盟环保产业合作：

- 建立中国-东盟环境保护技术与合作网络；
- 搭建中国-东盟环境保护技术与产业合作服务平台；
- 建立中国-东盟环境保护技术与产业合作展示基地；
- 开展环境保护技术、产品与服务示范项目。

此外，中国与东盟在环保产业领域开展了深入的交流与合作。2007 年中国-东盟环境标志和清洁生产研讨会就环境标志和清洁生产技术等方面的信息和经验进行了交流。同年，中国-东盟环境影响评价（战略环境影响评价）研讨会为双方在该领域的合作奠定了基础。2010 年中国-东盟绿色产业发展与合作研讨会以及 2011 年中国-东盟环境合作论坛就中国与东盟环保产业发展与合作达成了共识。

现阶段，中国政府根据各地区环保企业所具有的特质因地制宜地进行引导。广东、江苏、天津、浙江等地方政府积极引导本地发展较早、技术水平较高的环保企业走向东盟。例如，广东省中山市在越南河内举办了“2009 中国广东中山（河内）经贸合作暨产品展销会”，希望在此基础上把中山市定为广东省新能源节能环保产业基地以及与东盟合作基地。广西、云南等省份利用地理优势，为企业走向东盟创造条件。例如，广西壮族自治区充分利用中国-东盟自由贸易区和中国-东盟博览会重要平台，与东盟各国建立节能环保技术及节能环保产业的合作机制，共同开拓东盟环保产业市场。

目前，中国-东盟环保产业合作已取得不错的成绩。例如，天津某工业设计研究院总承包泰国、菲律宾两国五个反渗透系统项目，浙江某环保企业总承包柬埔寨反渗透系统项目。此外，中国环保企业还承包了越南山洞电厂、海防发电厂、广宁发电厂、农山钢铁公司的水处理项目、印度尼西亚北苏风港燃煤电站、公主港燃煤电站等净水处理项目。

中国与东盟国家已制定有关环保产业合作政策，环保产业合作不断走向机制化。

一方面，在环保合作政策上，20 世纪 80 年代以后，东盟国家每 1～2 年均召开一次环境部长会议和官方会议，探讨东盟环境问题与对策，形成有关的环境保护计划和协定。但在 2007 年以前，中国与东盟双方虽在环保领域有一定程度的合作，但合作是零散的，缺乏政府的全面支持和系统规划。

2007 年举行的第十一次中国-东盟领导人会议首次同意将环境保护列为"10+1"第 11 大重点合作领域，东盟领导人对中国提出的制定中国-东盟环境保护合作战略的建议表示关注。2009 年，双方共同制定并通过了《中国-东盟环境保护合作战略（2009—2015）》《东盟共同体 2009—2015 年路线图宣言》《东盟社会与文化共同体蓝图》等，这些文件作为东盟环境合作机制的重要组成部分，成为东盟继续扩大环境合作范围的基础与规范性依据。

2016 年 9 月，中国与东盟成员国正式发布《中国-东盟环境合作战略（2016—2020）》。该文件的总体目标是通过采取协调和综合方法，加强中国-东盟在环境保护优先领域的合作，实现区域环境可持续性。具体目标如下：一是就共同关心的环境问题加强高层政策对话，增进理解，加强合作，确保中国和东盟的利益协调；二是加强环境保护的对话与合作；三是通过分享知识和经验以及采取联合行动，提高国家和区域环境管理能力；四是加强优先领域的合作，提高合作的有效性和质量，为区域和南南环境合作提供良好实践；五是支持东盟共同体后 2015 愿景。《中国-东盟环境合作战略（2016—2020）》包括九大具体的领域，包括政策对话交流，环境数据与信息共享，环境影响评价，生物多样性与生态保护，环境产业技术促进绿色发展，环境可持续城市，环境教育与公众意识，还有机构和人员能力建设，以及联合研究。

在环保产业领域，2010 年《中国和东盟领导关于可持续发展的联合声明》中提出要加强减排、环保等领域的科学研究和技术合作，促进高效、环保、节能技术和清洁技术的应用。2012 年，在中国环境保护部和东盟秘书处支持下，中国-东盟环境保护合作中心编制了《中国-东盟环境技术与产业合作框架》，旨在为中国和东盟加强环境技术与产业合作提供路线图。这个框架确定的行动包括成立环境无害化技术与产业合作网络、建立服务平台、建立示范基地和开发试点项目等。2013 年 10 月，李克强总理在第 16 届中国-东盟领导人会议上提议建立中国-东盟环境技术与产业合作示范基地，作为中国–东盟环境产业合作的一项行动。中国环境保护部于 2014 年 5 月在中国宜兴召开了“中国-东盟环保产业合作研讨会”，会议得到东盟秘书处和东盟成员国的支持。会议发布了《中国-东盟环保技术和产业合作框架》并启动了中国-东盟环保技术和产业合作示范基地（宜兴）。

环境技术与产业是《中国-东盟环境保护合作战略》确定的优先合作领域之一。《中国-东盟环境合作战略（2016—2020）》中将“促进环保产业和技术实现绿色发展”作为未来 5 年和优先合作领域。提出通过建立信息交流平台、进行示范项目和开发环境技术的联合研究，实施《中国-东盟环境技术与产业合作框架》，支持《可持续消费与生产十年框架》。

另一方面，实现中国-东盟环境合作的机制化是保证该合作长期、稳定、有效进行的保证。自合作战略出台以来，中国与东盟的环保合作正在稳步向机制化迈进。自 2011 年以来，中国-东盟环境合作论坛已在中国连续成功举办了 8 届。目前，该论坛已成为中国与东盟国家探讨环境合作的重要渠道和连接中国与东盟国家参与环境合作的重要桥梁，对话内容围绕中国-东盟环境合作的具体领域，邀请东盟国家、其他国家、国际机构、非政府组织、企业界和科研机构等的决策者、企业家和专家学者参加，开展政策交流，技术展示和合作商谈，进一步密切了中国与东盟的环境合作关系，成为本区域的重要环境合作平台。

4.2 中国与东盟环保产业合作机遇与挑战

中国与东盟国家山水相连，双方有着密切的自然地理和生态环境联系。中国和东盟各国一样，都面临着发展经济和保护环境的双重挑战。加强双方在环境保护领域的合作，有利于改善本地区的环境状况，降低经济发展的自然资源和生态环境成本，促进经济和社会可持续发展，实现互利共赢。现阶段，环保合作已成为中国与东盟合作中的一大主题。

4.2.1 中国与东盟环保产业合作机遇

中国与东盟国家开展环保产业合作主要有以下机遇：

一是区域环境合作的必要性。中国和东盟各国在注重经济领域合作的情况下，忽视了自贸区生态环境的承载力。该区域经济水平、技术能力、信息条件落后，环境法律机制不完善，以及发达国家高污染产业向亚太地区的转移，都是该区域环境保护问题的不利因素。环境问题无国界，自贸区能否解决好本区内环境问题对国际社会而言也意义重大。中国与东盟地理位置接近，需要合作才能更好地解决该区域的环境问题。因此，中国与东盟之间加快区域环保合作的步伐，树立友好合作、互利共赢的信念，采取及时、有效的治理行动成为解决自贸区内环境问题的必经之路。

二是拓展中国-东盟全方位合作的必然趋势。中国-东盟合作机制，即“10+1”模式，确立于 1997 年。自此之后，中国积极发展与东南亚各国之间的关系，推动与东盟展开政治、安全、经济等方面的合作，这使中国与东盟的战略合作关系逐渐升华到另一个更新的高度，从曾经的以经济合作为中心逐渐延伸到政治、文化、环境等多领域全方位合作。一方是世界最大的发展中国家，另一方则是以发展中国家为主要成员国的区域性合作组织，双方发展阶段和发展模式的相似性决定了开展区域环保合作对推进中国-东盟自贸区生态环境发展具有不可替代的作用。为共同应对全球与区域环境挑战，促进可持续发展，环境保护已成为中国与东盟合作的重要优先领域。此外，经济合作的逐渐成熟也为环保合作的成功奠定了基础，为实现双方战略伙伴关系、地区和平与发展、开辟“南南合作”新典范铺平了道路。

三是环保合作发展迅速。在中国和东盟领导人的高度重视下，双方在环境领域的合作发展迅速，显示出巨大的活力和发展潜力。中国与东盟环境合作机制主要包括中国-东盟（10+1）、东盟-中日韩环境部长会议（10+3）、东亚环境部长会议（10+6）。在“10+1”合作框架下，中国与东盟陆续举办了中国-东盟环境管理研讨会、中国-东盟环境标志和清洁生产研讨会、中国-东盟环境影响评价及战略环境影响评价研讨会、中国-东盟绿色产业发展和合作研讨会等一系列交流与合作活动。

2010 年，第十三次中国-东盟领导人会议上发表的《中国和东盟领导人关于可持续发展的联合声明》中指出，要积极落实《中国-东盟环保合作战略

（2009—2015）》，特别是在通过与东盟生物多样性中心合作保护生物多样性和生态环境、清洁生产、环境教育意识等领域开展合作，共同努力实现人与自然和谐发展。本次会议还通过了《落实中国-东盟面向和平与繁荣的战略伙伴关系联合宣言的行动计划（2011—2015）》，确认在环境合作领域将共同采取相关行动和措施。2011 年，中国和东盟共同制订了为期 3 年的《中国-东盟环境合作行动计划（2011—2013）》。该计划主要有四方面内容：建立环境合作与政治对话平台；启动中国-东盟绿色使者计划；推进环保产业与技术交流；建立和实施联合研究项目。

伴随着领导人对 10+1 环境合作的高度重视，中国-东盟环境保护合作站在了一个新起点。2011 年 10 月，首届中国-东盟环境合作论坛在广西南宁召开。该论坛作为落实中国-东盟领导人会议上提出的进一步加强中国和东盟环境保护对话与合作的有关倡议，推动中国-东盟环境保护合作战略的具体体现，已成功召开 8 届。目前，该论坛已成为中国和东盟开展环境政策高层对话的重要平台、探讨环境与发展合作的重要渠道、连接社会各界参与区域环保合作的重要桥梁。

2018 年 9 月 11—13 日，以“大数据驱动生态环保创新”为主题的中国-东盟环境合作论坛（2018）在广西南宁第 15 届中国-东盟博览会期间举行。论坛由生态环境部、广西壮族自治区人民政府、东盟秘书处和柬埔寨环境部联合主办。本次论坛启动的中国-东盟环境信息共享平台，是习近平主席在首届“一带一路”国际合作高峰论坛上倡议建立的“一带一路”生态环保大数据服务平台的组成部分，将通过信息共享和咨询服务工具，分享各国绿色发展理念与实践，促进绿色贸易、绿色投资、绿色基础设施建设及绿色产业技术交流，推动“一带一路”生态环保合作。

近年来，中国与东盟在环境领域的合作不断深化，建立了中国-东盟环境合作论坛的固定对话与交流机制，制定了《中国-东盟环保合作战略》和《中国-东盟环保合作行动计划》，并在其指引下，逐渐从以政策对话与交流为主的务虚合作转向了以具体项目为载体的务实合作，力求将区域环境问题与本国环境问题相结合，提升合作的效率和效果。

四是中国-东盟环保产业在经贸合作区环境治理方面具有较大前景。东盟国家即将建成政治安全、经济、社会文化三大共同体，这将是亚洲历史上首次建成次区域共同体，在区域一体化进程中具有里程碑意义。东盟经济增长有望“换挡提速”，并为中国-东盟经贸关系发展创造新的机遇。中方与东盟国家以合作兴建的各类经贸园区为抓手，推进双向投资以及双向的产能合作和装备制造合作。现在双方的企业已经在越南、柬埔寨、马来西亚、泰国、老挝、印度尼西亚等国家合作建设了多个经贸合作园区，取得了积极进展。境外的经贸合作区也已成为推动中国企业集群式“走出去”和东盟国家开展国际产能合作与装备制造合作的重要载体。中国-东盟从“黄金十年”向“钻石十年”进发，合作完成从量变到质变的升级。而追求产业集群效应，也已成为中国与东盟产业合作的大势所趋。以“跨国（境）园区”为主要载体的产业合作将成为中国-东盟经贸合作新模式。

针对中国-东盟合建工业园区的产业现状，可从以下几方面入手开展环境治理和保护的相关项目。一是制订工业园区环境保护规划。在充分调研分析工业园现状和存在环境问题的基础上，结合园区的近期远期发展规划，加强环境保护基础设施建设。例如，增加企业污水集中处理设施，加强园区生态建设，规划工业垃圾集中处理地方，以及“三废”及危险废弃物的处置和统一管理规划。对园区内废物种类、处置现状和现有处置能力进行调研，结合近期入驻企业数量、类型和产废情况合理规划处理设施。二是从源头减量。大力推广和应用节约资源的新技术、新工艺、新设备和新材料，加大对资源节约和循环利用等关键技术攻坚力度，努力构建较为完备的技术支撑体系，转变企业发展模式。大力发展循环经济，提高资源利用率，降低废物排放量，实现可持续发展。支持和鼓励企业采用先进适用的生产技术进行清洁生产，推进环境管理体系认证，形成推进清洁生产的良好机制。对产废量较大的工业企业推行清洁生产，通过工艺技术改造等措施，从工业源头降低污染物产生量。三是开展废物综合利用项目，规模化整合资源。针对工业园区的产业分布特点，进行园区企业废物的回收利用项目，优化资源配置，节约企业生产成本。四是加强工业园区环境管理。成立园区环境管理机构，配齐配强环境管理人员，组织主业管理培训，提高依法管理能力。

4.2.2 中国与东盟环保产业合作挑战

中国与东盟发展历程相似，面临着许多相同的环境与发展领域的挑战，因此开展环保产业合作也存在一定挑战。

一是全球化背景下的区域产业结构凸显环境风险，环保技术需求与日俱增。中国与东盟成员国均处于经济快速发展阶段，但该区域国家的产业集群主要来自低成本的比较优势，而非建立在基于创新的竞争优势上。随着经济全球化进程的加剧，区域产业分工承受的资源过度开发和环境污染矛盾日益突出，区域内国家在水污染、大气污染、土壤退化、生物多样性丧失等方面的环境风险也日渐显现，环保技术需求与日俱增。

二是城市化与工业化快速发展需要加强环境基础设施建设，资金短板制约中国和东盟国家开展相关合作。中国与东盟成员国多处于城市化与工业化快速发展阶段。2016 年中国城镇人口为 8.73 亿人，占总人口的 56.8%。东盟的城市化进程也得到较大发展，根据世界银行发布的数据，新加坡已实现完全城市化，2016 年文莱城市化率达 77.5%，马来西亚城市化率为 75.4%，泰国和印度尼西亚城市化率水平也超过了 50%。目前，制造业是中国和东盟多国经济增长和现代化的支柱。城市化与工业化带来了显著的环境压力，需要加强市政和环境基础设施建设。目前资金短板是中国和东盟国家合作需要解决的问题，投融资机制有待完善。

三是区域可持续生产与消费模式有待改进，经济发展模式也为环保产业提出更多要求。经济结构与发展进程中带来的环境问题，很大程度上是由于缺乏合理的可持续生产与消费模式导致的。联合国《变革我们的世界：2030 年可持续发展议程》中指出："我们承诺从根本上改变我们的社会生产和消费商品及服务的方式。各国政府、国际组织、企业界和其他非国家行为体和个人必须协助改变不可持续的生产和消费模式，包括推动利用所有来源提供财务和技术援助，加强发展中国家的科学技术能力和创新能力，以便采用更可持续的生产和消费模式。"实现可持续生产和可持续消费。经济发展模式的转型为环保产业提出更多新的要求。

第三部分

非洲环保产业政策与市场需求

5 非洲环保产业发展现状与趋势

非洲地区在经济发展阶段和水平上存在一定差异，各国面临的环境问题不尽相同，环保产业发展的程度也各有不同。本章主要就非洲环保产业基本概况、重大项目与地理分布进行阐述，并就非洲环保产业发展的机遇与挑战进行深入分析和探讨。

5.1 非洲环保产业的概况

环境保护产业是指在国民经济结构中，以防治环境污染、改善生态环境、保护自然资源为目的而进行的技术产品开发、商业流通、资源利用、信息服务、工程承包等活动的总称，又称“环境产业”“生态产业”。环保产业是一个跨产业、跨领域、跨地域，与其他经济部门相互交叉、相互渗透的综合性新兴产业。

与世界其他国家和地区相比，非洲的环保行业起步较晚，整体市场规模较小，但发展速度迅速。1997—2012 年，非洲环保产业年均产值 63.02 亿美元，年均增长率 4.88%，除 2009 年出现负增长外，整体呈上升趋势，如图 5-1 所示，2003 年增速达到顶峰 11.17%。1997—2012 年，非洲环保产业规模增长了近4倍。非洲环保产业与GDP的2005—2012年增速相对关系如图5-2所示，可以看出，整体上环保产业增速高于GDP增速，说明环保产业在国民经济产

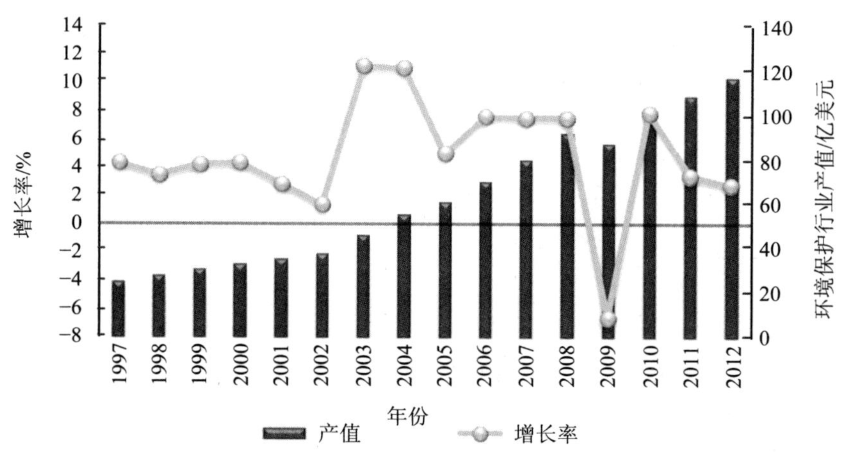

图5-1 非洲环保产业1997—2012年产值和增长率

资料来源：Environmental Business International，Inc. California，San Diego。

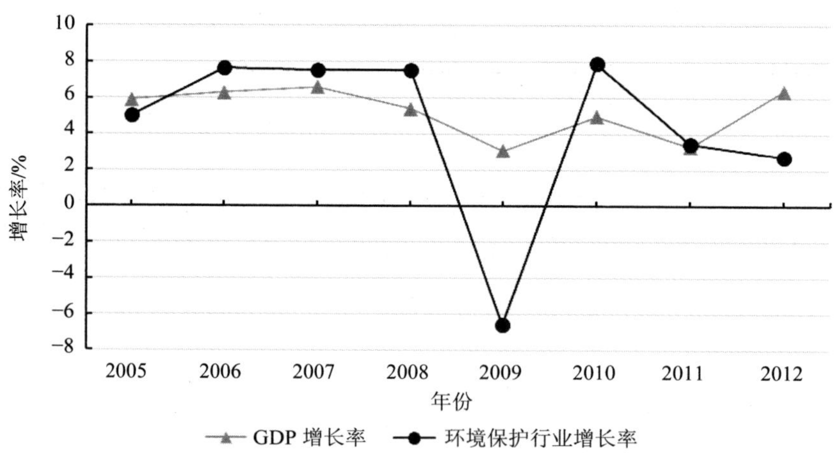

图5-2 非洲GDP和环保产业2005—2012年增长率

资料来源：Environmental Business International，Inc.，San Diego，California。

GDP增长率数据来源：中国商务部。

业结构中属于发展较快的行业。此外，环保产业与 GDP 增速变化趋势相近，说明环保产业与经济发展相关性较强，2009 年和 2011 年经济增速下降时环保产业的增速也明显下降。

图 5-3 所示为非洲环保产业 2005—2012 年占 GDP 的比重，可以看出，非洲环保产业占国民生产总值的比重总体呈下降趋势，说明随着经济发展，非洲本土环保产业产值不断上升，且增长率整体高于 GDP 增长率，但仍低于非洲传统行业和其他新兴产业在 GDP 增长中的贡献率。

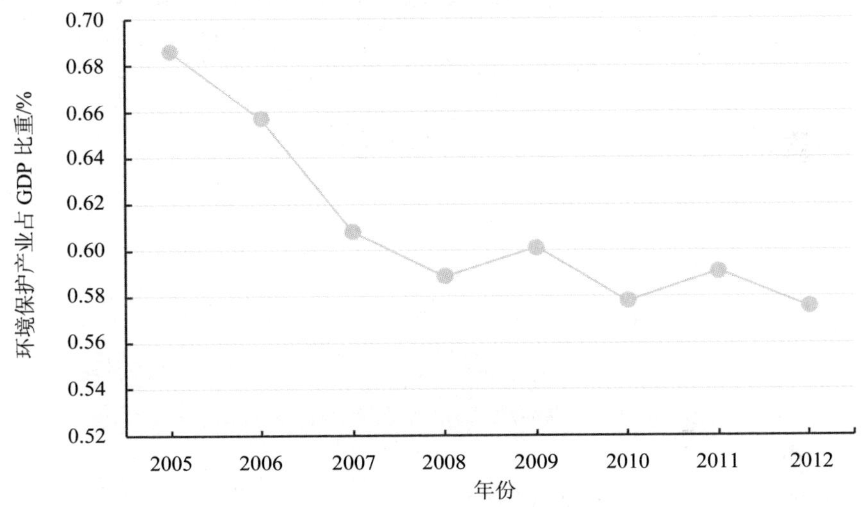

图 5-3 非洲环保产业 2005—2012 年占 GDP 比重

资料来源：Environmental Business International，Inc. California，San Diego。

GDP 数据来源：世界银行 WDI 数据库。

环境保护项目分布方面，非洲的环保产业发展均衡度较差，其中，固体废物管理和污水处理发展较快。2004 年，非洲的固体废物管理和污水处理的市场规模分别为 7 亿美元和 4 亿美元，分别占同期非洲环保产业的 37%和 21%，合计达 58%；截至 2008 年，二者市场规模达到 12 亿美元和 7 亿美元，分别占同期非洲环保产业的40%和23%，合计达63%。由此可见，固体废物管理和污水处理这两类项目在环境保护行业中的比重显著增加，而除环境修复外的其他类项目比重均有所下降，如图5-4所示。

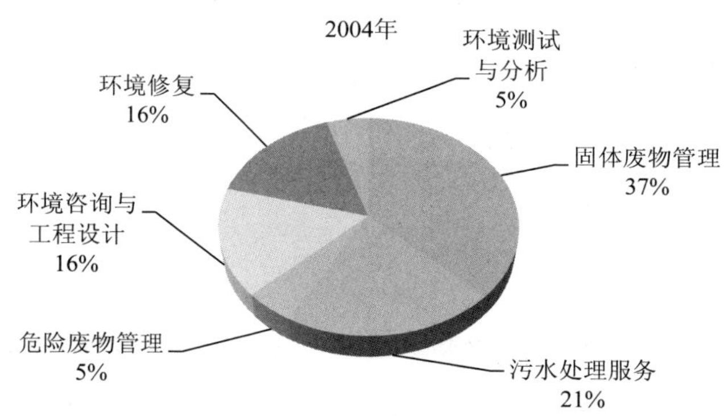

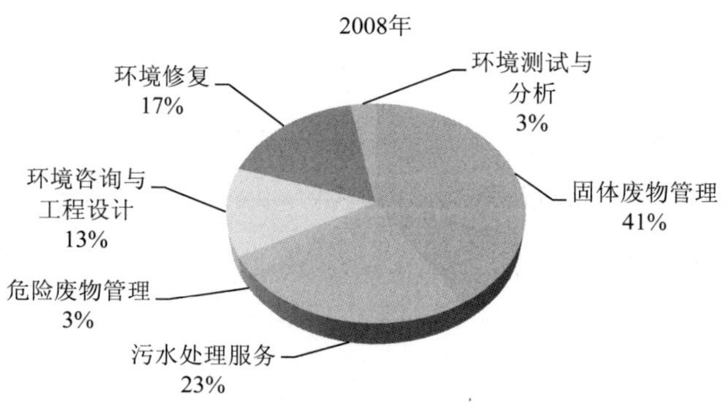

图5-4　非洲环境保护行业各类项目2004年和2008年的占比

资料来源：Environmental Business International，Inc.，San Diego，California。

5.2　重大项目与地理分布

根据世界银行（World Bank）和非洲发展银行（African Development

Bank）的项目库数据，统计近年内在非洲已开展的大规模环境保护项目，以及计划开展的大规模环境保护项目，项目概况见表 5-1 和表 5-2。

从产业地理分布来看，非洲环保产业多分布于非洲的西部、东南部，如加纳、赞比亚、肯尼亚等国家，北部的环保产业项目相对较少。

从环保产业项目类别来看，已经开展的项目绝大多数为污水处理类，同时在规划中逐步开发供水、给排水、森林管理、新能源类项目。污水处理项目多与给水、环境卫生等项目一体化，作为整个市政给排水基础设施建设项目的一部分。这与非洲国家的城市化水平、经济发展情况密切相关。非洲北部、南部较为发达，城市化水平较高，基础设施建设完备，因此污水处理设施设计、建设等环保产业在这些国家需求较少；而非洲西部、东南部国家，社会发展水平虽相对落后，但随着近年来经济飞速发展，城市化速度加快，对市政基础设施的需求也日趋加大，因此，这些国家的环保项目占非洲整体的绝大部分。

从环保产业发展阶段来看，目前非洲的环保产业项目多处于给排水基础设施建设的初级产业阶段，项目内容多集中于污水处理厂建设、扩建、市政管网布设，以及配套的管理措施等，环保设施的运营经验较为缺乏，环保项目的种类较为单一，鲜有对区域环境实施系统的治理措施，还未形成完备的环保行业体系。

表 5-1　非洲重大环境保护项目概况

区域	项目名称	项目类别	国家	地区	投资额	项目起始时间	项目简介
非洲西部	Greater Accra Metropolitan Area（GAMA） Sanitation and Water Project	污水处理	加纳	阿克拉	1.5 亿美元	2013-06-06	该项目分为三部分：①改善低收入地区的环境卫生和供水服务；②扩充给排水管网；③通过建设废水集中处理和固体废弃物一体化处理设施，提升地区环境卫生水平
非洲西部	Natural Resources and Environmental Governance Technical Assistance Project	环境咨询与工程设计	加纳	阿克拉	500 万美元	2013-06-06	该项目目的为援助该地区的自然资源管理和环境治理技术，提高管理能力，内容分为三部分：①政策制定和信息管理；②加强管理能力，对可持续的自然资源和环境管理加以支撑；③项目管理能力建设
非洲西部	Obsolete Pesticides Management Project for Cote d'Ivoire	危险废物管理	科特迪瓦	—	700 万美元	2015-08-25	该项目目的为提高过期农药及相关的危险废物的管理水平，内容分为四部分：①加强监管和相关制度框架建立；②通过农药储存、处置和管理信息系统对过期农药和相关危险废物进行有效管理；③推广替代化学农药；④项目资金管理体系
非洲西部	Obsolete Pesticides（OPs） Disposal and Prevention Project for Mali	危险废物管理	马里	布古尼省	319 万美元	2015-07-24	该项目目的为加强对有机磷农药的污染风险控制，内容分为三部分：①对有机磷农药危险废物进行处置；②加强监管能力；③项目管理、监测和评估
非洲南部	The Lusaka Sanitation Project for the Republic of Zambia	污水处理	赞比亚	卢萨卡	6 500 万美元	2015-05-22	该项目目的为提高该区域污水处理服务，内容分为三部分：①污水处理设施改造；②卫生条件改造；③加强管理

区域	项目名称	项目类别	国家	地区	投资额	项目起始时间	项目简介
非洲东部	AFCC2/RI-Lake Victoria Environmental Management Project	污水处理	坦桑尼亚	穆索马	9 000 万美元	2009-03-03	该项目目的为提高维多利亚湖流域的管理水平，内容分为三部分：①加强管理能力，提高渔业资源共享；②通过控制沿湖点源排污口，进行湖泊点源污染的防治；③通过对面源污染的治理和预防提高流域管理能力
非洲南部	Lusaka Sanitation Program	污水处理	赞比亚	卢萨卡	9 000 万美元	2016-06-23	该项目目的为提高城市污水收集率和污水管理水平以解决 Lusaka 的水环境污染问题，内容分为三部分：①污水处理设施的新建和扩建改造；②加强宣传；③提高金融管理能力
非洲东部	Nairobi River Systems: Sewarage Reticulation Improvement Project	污水处理	肯尼亚	内罗毕	UAC 4 000 万	2011-12-06	该项目目的为提高区域人民的健康水平和生活质量，内容分为三部分：①污水处理设施的建设（处理量 43 000 吨）和污水收集管网建设（94 千米）；②对环境卫生、个人卫生水平的提高；③配套机构的支撑
非洲东部	Small and Medium Towns Water Supply and Sanitation Feasibility Study and Detailed Design	污水处理	南苏丹	凡加克州	UAC 350 万	2014-10-14	中小城镇给排水和卫生工程的可行性研究和设计
非洲南部	Institutional and Sustainability Support to Urban Water Supply and Sanitation Service Delivery	污水处理	安哥拉	孙贝	1 亿美元	2016-03-18	该项目包括四部分内容：①污水收集系统（下水道系统+污水处理设施）；②卫生宣传；③开展污水处理及回用的适用性技术可行性研究；④建立农村供水系统（15 000 户）

区域	项目名称	项目类别	国家	地区	投资额	项目起始时间	项目简介
非洲南部	Lake Victoria Water and Sanitation Program	污水处理和固体废弃物	坦桑尼亚	维多利亚湖	UAC 8 200 万	2011-11-23	该项目包括四部分内容：①给排水设施；②卫生设施；③固体废弃物处理设施；④机构能力建设
非洲东部	Kampala Sanitation Program	污水处理	乌干达	坎帕拉	UAC 3 500 万	2010-02-08	该项目包括五部分内容：①增大和改进污水二级和三级收集管网；②扩建 Nakivubo 污水处理厂，并新建泵站；③污水处理厂相关征地工作；④新建污水干管和泵真，使 Nakivubo 流域污水收集率由 30%增至 100%；⑤建设沼气设施
非洲北部	Gabel Elasfar Wastewater Treatment Plant（Stage Ⅱ Phrase Ⅱ） Project	污水处理	埃及	开罗	2.1 亿欧元	2010-06-28	该项目包括三部分内容：①Elasfar 污水处理厂扩建工程；②卫生；③相关机构
非洲南部	Support to Environment Sector	环境咨询与工程设计	安哥拉	—	UAC 1 333 万	2010-01-08	该项目包括两部分内容：①环境立法、管理和信息系统；②环境部门的机构和能力建设

资料来源：世界银行和非洲发展银行统计数据。

表 5-2　非洲规划建设重大环境保护项目概况

区域	项目名称	项目类别	国家	投资	项目简介
非洲东部	UG - FCPF Redd Readiness	气候变化-森林管理	乌干达	423 万美元	为乌干达设计森林管理计划，以减少毁林和森林退化，促进社会和环境可持续发展
非洲东部	Analysis of Community Forest Management（CFM）in Madagascar	气候变化-森林管理	马达加斯加	590 万美元	为马达加斯加设计森林管理计划，通过当地居民管理和利用森林资源，实现可持续发展
非洲东部	Tanzania Singida Wind Power Project	新能源-风电	坦桑尼亚	3 亿美元	拟建设一台 100 兆瓦的风力发电机组，由 Wind EA 公司建设和运营

区域	项目名称	项目类别	国家	投资	项目简介
非洲西部	Ghana - Enhancing Natural Forest and Agroforest Landscapes Project	气候变化-森林管理	加纳	550 万元	提高加纳自然森林和农业林地的土地利用率
非洲西部	Second Water Sector Institutional Development Project	供水	安哥拉	5.45 亿美元	—
非洲东部	Second Water Sector Support Project	供水	坦桑尼亚	2.25 亿美元	—
非洲西部	Mali - Economic & Environmental Rehabilitation of the Niger River	环境经济政策	马里	5 500 万美元	尼日尔河流域的环境修复和经济发展
非洲东部	Lilongwe Water Project	给排水	马拉维	8 600 万美元	马拉维的给排水规划，以及 Diamphwe 复合型水坝的设计建设
非洲西部	Senegal Solar Energy Development through IPPs Project	新能源-太阳能	塞内加尔	1.6 亿美元	拟建设一台 10 兆瓦的太阳能发电机组，由 SENELEC 公司运营
非洲南部	Zambia - Mining and Environmental Remediation and Improvement Project	矿区环境修复	赞比亚	5 560 万元	制定赞比亚的矿区环境修复和保护工作框架
非洲北部	Oromia Forested Landscape Program	气候变化-森林管理	埃塞俄比亚	1 800 万元	制订埃塞俄比亚的森林管理计划
非洲西部	Small Town Water Supply and Urban Septage Management Project	给排水	贝宁	6 800 万元	贝宁小城镇给排水设施建设，大城市的排水管理
非洲西部	Urban Water Supply Project	供水	科特迪瓦	5 500 万元	—
非洲西部	Water and Sanitation Project	供水和卫生设施	几内亚	3 000 万元	—

资料来源：世界银行和非洲发展银行统计数据。

5.3 非洲环保产业发展机遇与挑战

5.3.1 非洲环保产业发展面临的机遇

5.3.1.1 非洲环境问题日益突出，为环保产业发展创造机遇

近年来，非洲国家经济发展速度加快，整体 GDP 增速稳定在 5%左右。除埃及、南非等传统非洲经济发达国家，毛里求斯、博茨瓦纳、加纳等非洲新兴国家在经济发展方面亦崭露头角，这些国家实行开放的市场经济，鼓励由传统农业向工业、第三产业转型，国家的 GDP 增速也远高于非洲平均水平。随着其社会经济的发展，城市化和工业化步伐加快，一些环境问题也随之暴露出来。一方面，非洲经济主要以农牧业和矿物开采业为主。农牧业生产水平低下，很多地区存在烧荒、过度放牧、砍伐森林等破坏生态环境的现象，造成土地退化与沙漠化严重，森林、草地和生物多样性锐减。据统计，近 50 年来撒哈拉沙漠扩大了近 100 多万平方千米，沙漠以南 25%的土地呈现沙漠化，且沙漠化仍在扩展；20 世纪 80 年代以来，森林和草地面积减少了 10.5%。以矿物开采为主的重工业和以石油化工为主的轻工业，由于生产效率较低，生产工艺相对落后，绝大多数工业企业的废水、废气和废渣均未经任何治理措施直接排入环境。另一方面，非洲近几年城市化速度加快，年均城市化率达 3.8%，但许多城市的排水、污水处理、固废处理处置等配套环境基础设施不足，导致非洲城市环境持续恶化，疟疾蔓延，每年约有 150 万人因此致死。

综上所述，非洲各国面临着发展经济和保护环境的双重挑战，许多环境问题直接关系到居民的生活甚至生存，环境保护措施的实施、环境保护设施的修建迫在眉睫。由此，非洲有大量的环境保护需求，日益严重的环境问题成为非

洲环保产业发展的机遇。

5.3.1.2 非洲环保产业快速发展，为环保市场及投资带来机遇

和其他地区相比，非洲经济发展起步较晚，长期的殖民统治，使它成为经济水平较为落后的大洲。近年来，非洲的许多国家在发展经济方面做出了很大的努力，取得了一些成就，但非洲经济发展水平以及各国内部生产力分布仍存在不均衡的问题，由于很多国家粮食尚不能自给自足，导致非洲地区除利比亚、南非等十几个国家之外，其余国家仍以第一产业为最主要的产业部门。

采矿业是非洲的重要产业，在非洲经济中扮演了举足轻重的角色，大大超过了其他各大洲，全洲有近三分之一国家的出口贸易以矿产品为主。非洲矿产分布很广，种类很多，但相对集中，主要分布在六大区：

- 撒哈拉区：非洲最大的石油蕴藏区，石油和天然气储量占全洲的60%以上。本区位于撒哈拉地区的北缘，拥有一系列巨大的石油沉积盆地。
- 阿特拉斯区：为世界上最大的磷酸盐蕴藏区，总储量约占世界一半。
- 西非区：从毛里塔尼亚到尼日利亚中部，其铁、铝产量在全非占重要地位。
- 几内亚湾沿岸区：从科特迪瓦南部呈新月形延伸至安哥拉西北部，为非洲另一个重要石油蕴藏区，其他矿产突出的还有锰、铝土、铀等。
- 刚果盆地外环区：呈半环形从基伍湖地区向西南深入安哥拉东北部，铜、钴产量居世界前列，东段锡、金、钽、钨蕴藏颇丰，西段是世界重要的金刚石矿区。
- 南部非洲区：包括赞比亚河以南广大地区，是世界上较少见的矿藏富集区。

制造业是非洲的另一重要产业，但相对其他地区而言，非洲的制造业基础

较为薄弱，发展仍然较为落后，且规模一般不大。南非集中了非洲制造业产值的三分之一以上，其次是埃及、阿尔及利亚、扎伊尔和科特迪瓦等国。

随着非洲经济的不断发展，采矿业和工业等的日渐兴起，非洲人民的环保意识也逐渐觉醒，非洲的环保产业从几乎空白逐步进入快速发展时期。尽管非洲的环保产业起步较晚，在世界环保市场所占份额相对较小，但是非洲的许多新兴市场国家已经成为中国对外投资的主要增长点。

如今，中国与非洲国家有着非常相似的发展经历，中国经过长期摸索建立起的一套符合发展中国家国情的环保体系，对非洲而言有很强的借鉴意义。非洲很多国家对中国的固体废弃物处理技术与设备、水处理技术与装备等方面兴趣浓厚，对中国环保企业到非洲推广产品和服务有着强烈的兴趣。此外，在环保技术和设备上，我国较之发达国家有较强的价格优势，这也为我们打开非洲环保市场创造了良好的条件。

5.3.2 非洲环保产业发展面临的挑战

5.3.2.1 政治稳定与公共管理效率成为吸引环保产业投资的主要影响因素

环境保护行业的项目很大程度上是以政府部门需求为主。一方面，根据行业特点，环境保护项目由论证、可行性分析、设计、施工到正式投入运营，项目周期较长，在此期间需要同项目需求方保持良好的沟通与合作；另一方面，环境保护项目的政府与社会资本合作模式（Public-Private Partnership，PPP）已成趋势，在环境保护设施、产品投入运营和使用后，环境保护项目的服务供给方需长期保证设施、产品的有效、稳定运行，在此期间也需要项目当地政府和执法部门的密切配合。因此，环境保护项目的有效开展和实施，均需要与当地政府部门在较长时间内进行合作，且相关的环境保护法律政策在短时间内不能有较大改变。

近年来，非洲局部地区政局不稳定，如北非的阿拉伯国家，政变和恐怖事件时有发生。表5-3统计了近年来非洲发生的政变及恐怖事件。政变带来的政权更迭和战火导致城市基础设施被破坏，民众沦为难民，以及相关国家的政策朝令夕改，都会对环境保护相关产业和项目带来很大的冲击，直接影响到项目的建设和实施，因此，在非洲某些政局不稳的国家和地区，环保产业的发展面临较大风险。

表5-3 近年来非洲发生的政变及恐怖事件

时间	国家	事件	简介
2011年4月	布基纳法索	政变	总统卫队一些士兵发动兵变，总统孔波雷宣布解散政府
2016年1月	布基纳法索	恐怖袭击	首都瓦加杜古一家酒店遭恐怖袭击，造成23人死亡
2009年	尼日尔	政变	总统坦贾解散国会，重组宪法法院
2006年6月起	苏丹	战后和谈	苏丹政府与东部反政府组织开始战后和谈，2011年南苏丹成立

资料来源：维基百科。

5.3.2.2 环保产业处于初级发展阶段，技术研发与产业市场亟待加强

非洲环保产业发展处于初级阶段，虽然在环保产业建立之后增长迅速，但产业总体规模在世界范围内占比不足5%。通过近年来的重大项目来看，非洲的环保产业大多处于给排水、固体垃圾收集等基础设施的建设阶段，项目多集中于市政污水处理厂建设和排水管网布设等方面，且多与给水工程配套建设。对于造成严重污染的工业废气、废水和废渣等污染物，并未采取有效措施进行控制。造成这一现象的原因一方面是非洲国民经济产业结构发展不均衡，国家

有赖于一些高污染行业缴纳的税收；另一方面是非洲环保产业的技术不成熟，不能实现工业“三废”的有效处理处置。

从非洲环保产业的产值和项目构成来看，目前非洲环保产业存在产业结构不均衡的问题。环保产业多集中于污水处理、固体废物处置等相关环境服务和环保设备上，对于危险废物管理、环境修复、大气污染控制以及清洁能源、废物利用等方面鲜有涉及，清洁生产工艺技术的开发、自然生态保护、环保性产品的开发和生产等领域较为薄弱。由于非洲环保产业结构不均衡，品类单一，因此易受外部环境形势、经济发展等综合因素的影响，例如 2009 年非洲环保产业就随着经济下滑出现了负增长。因此，非洲环保产业的发展阶段较为初级，产业结构单一，是环保产业的主要问题，也会对其发展造成一定的风险。

5.3.2.3 非洲国家数量众多，环保产业需求差异化显著

非洲共有 54 个成员国，目前按照联合国分类，主要分为东部、西部、南部、北部和中部非洲地区。各个地区由于自然地理条件、人文环境及文化差异，对于环保产业需求仍有较大不同。例如南部非洲和东部非洲部分国家在生态环保领域具有较强能力，目前在城市基础设施建设和水处理等方面具有较大市场，而中非、西非部分国家则是在环保产业规划、水、土壤治理等领域具有较大需求。由此，根据非洲各地区发展的不平衡性，未来应采取“一国一策”的政策推动环保产业合作。

5.4 非洲重点国家环保产业发展分析

近年来非洲政府对环境保护事业的重视程度逐渐提高，非洲国家环境管理政策体系逐步完善。本节聚焦肯尼亚、埃塞俄比亚、突尼斯和加纳，重点介绍

了非洲重点国家管理机构设置及环境保护相关法律法规。

5.4.1 相关政策与法律概况

5.4.1.1 肯尼亚

（1）管理机构设置

肯尼亚国家环境保护部门为肯尼亚国家环境管理局（National Environmental Management Authority，NEMA），在肯尼亚的 8 个行政省设有办事处，在 47 个县设有环境保护办公室。环境管理局主要负责环境保护相关政策的制定和实施。下设部门包括：财务处、人力资源处、公关处、规划处、通信处、供应链管理处、内部审计处和法律处。相关的职能部门包括：政策制定与实施处（Policy Formulation & Implementation，PF&I）、多边环境协商处（Multilateral Environmental Agreements，MEAs）、项目与政策企划处（Programmes，Projects & Strategic Initiatives，PP&SI）、城市河流项目处（Urban Rivers Programme，URP）和气候变化处（Climate Change，CC）。

（2）环境保护相关法律法规

肯尼亚的环境相关政策和法律法规，主要基于 1999 年颁布的《环境管理和协调法案》（*the Environment Management and Coordination Act*，EMCA），并于 2015 年根据国家发展现状和其他行业相关规定，对该法案做出修订。

该法案建立了国家层面上的环境保护，主要包括水、大气和固体废弃物污染 3 个方面：

①水环境污染：通过对工业、危险化学品以及城镇和农村生活废水污染的防控来保证水环境质量。针对不同的污染源，采取不同的管理方式：

- 针对工业污染：制定和实施环保的工业化政策；促进和支持中小企业等采取适当的环保型技术，并以此对其实施奖惩；在工业发展规划、政策和项目中，开发和推广环境影响评价；促进中小企业的环保意识；开发资源高效利用和清洁生产（RECP）技术，包括最佳技术和应用。
- 针对危险化学品：制定化学物资管理规划实施 SAICM（国际化学品管理战略）；制定和实施化学品管理政策。
- 针对城市和农村生活废水：提高供水的管理和维护；促进安全用水，特别是废水回用；鼓励和奖励私营部门投资和开发适当的供水和卫生设施。

②大气环境污染：制定和完善空气质量标准，加强执法能力；促进无污染和高效的交通基础设施建设；使用无污染炉灶技术代替现有柴火炉灶。

③固体废弃物和危险废物管理：开发国家综合废物管理战略；采用经济激励手段推广使用节约资源的技术；建立清洁生产设施，鼓励废物回收再利用；开发国家层面的有毒有害管理政策；建设有毒有害处理处置设施；与国际社会合作禁止销售危险物质。

1999 年，随着肯尼亚《环境管理和协调法案》的颁布，肯尼亚的环境影响评价和战略环评系统初步建立，并于 2002 年发布了《环境影响评估和审计条例》（*Environmental Impact Assessment and Audit Regulations*）。该条例明确了肯尼亚环境影响评价的基本步骤，包括项目筛选、初步评估和最终由国家环境管理局的最终决策，还规定了评估咨询公司所需的资质要求。对于战略环评，该条例并未给出详细的步骤，仅规定了战略环评报告所需包含的内容和范围。

5.4.1.2 埃塞俄比亚

（1）管理机构设置

埃塞俄比亚环境保护局（Ethiopian Environmental Protection Authority）成

立于 1994 年 5 月，隶属于埃塞俄比亚自然资源和环境保护部（Ministry of Natural Resource and Environmental Protection，MNRD&EP）。2002 年 5 月 29 日，环境保护局从自然资源和环境保护部分离，成为国家直属机构。2013 年 6 月，又与林业部合并，成为环境保护与林业部（Ministry of Environmental Protection and Forestry）。

埃塞俄比亚环保局行动纲领为在部级行政级别进行环境管理和可持续发展管理，确保环境资源利用的代际公平。其主要责任包括：

- 发布国家环境报告；
- 制订国家环境保护战略计划；
- 制定环境保护法规和相关标准；
- 为环境监管提供支持；
- 对国家环境系统实行监测和评估。

2002 年，埃塞俄比亚发布《环境影响评价和战略环评宣言》，并成立环境影响评价中心，作为中央直属机构。目前已合并至环境保护与林业部作为核心部门之一，并在 9 个自治区和 2 个直辖市设置分布，对地区的环境影响评价和战略环评进行管理。

（2）环境保护相关法律法规

在基本法层面，埃塞俄比亚宪法中有多处涉及环境保护的相关规定，例如“民众有权获得干净和健康的环境”“国家可为防治环境污染或保护环境和自然资源而征收关税”等，同时，宪法还规定了环境权的可诉性问题及一些补救性措施。

在基本法基础上，埃塞俄比亚颁布的多项行业法律中都有明确涉及环境保护的规定条款（表 5-4），但目前埃塞俄比亚并未颁布综合性的环境法典，对于环境问题仍以环境政策调整为主，环境政策通常以行政命令的形式发布，许多环境管理的规定，通常以附带或附随的条款形式。

表 5-4 埃塞俄比亚涉及环境保护的法律

关注问题	法律名称	相关规定
自然保护区保护	文物保护法	禁止抢劫或未经授权对自然保护区中的古迹进行挖掘或进行考古活动
农业活动相关污染	农业法	相关部门需对农业生产活动中可能涉及灌溉取水和水质的，加以监测和管理，限制使用杀虫剂和化肥
公共卫生安全	公共卫生法	相关部门需对消灭水体中疾病载体的实施措施，或疫苗的安全性问题加以监管
土地资源利用	土地法	相关部门需对土地使用和公共信托活动加以监管
海洋资源管理	海洋法	相关部门需对海岸带、渔业等活动加以监管，并有效管理海洋资源
能源利用	矿业与能源法	对温室气体排放和其他大气污染物排放做出相关规定
工业污染	工业法	限制工业"三废"排放

资料来源：埃塞俄比亚环境保护局官网。

在环境标准方面，目前埃塞俄比亚仅有一些行业相关的监管和指导标准，并未形成一个整体的环境保护标准框架。虽然在 2002 年发布的《埃塞俄比亚国家环境污染控制宣言》（*National Environmental Pollution Control Proclamation*，Proc No.300，2002）中提出污染控制方案，但到目前为止埃塞俄比亚尚未有废水、固体废弃物的相关标准，仅采用世界卫生组织的水质标准作为参考。

5.4.1.3 突尼斯

（1）管理机构设置

为平衡经济发展和环境保护之间的关系，突尼斯成立了环境和土地利用规划署（Ministry for the Environment and Land Use Planning）。该机构的定位包括两方面：国家层面的环境保护部门（the National Agency for the Protection of the Environment，ANPE），负责环境保护、污染监测和增强公众环保意识；

国家层面的污染治理部门，负责环保设施的建设和环境污染治理工作，具有环境执法权。

（2）相关政策及法律

在 1992 年里约热内卢举行的联合国环境保护会议的精神导向下，突尼斯发布了一系列环境保护措施，主要包括：

①突尼斯国家环境保护和可持续发展行动规划（*National Action Programme for the Environment and Sustainable Development*）。该行动规划将作为突尼斯今后经济和社会发展规划的制定基础。

②建立环境保护技术国际中心（International Centre for Environmental Technology），授权环境技术，培养环境专业知识。该中心的目的在于提高突尼斯商业和工业的环境保护技术。

③建立突尼斯环境和发展观察站（Tunisian Observatory on the Environment and Development），目的在于收集、分析和传播国家环境和可持续发展的相关信息，以及帮助规划者在决策时对环境保护和发展需求加以考虑。

突尼斯在环境保护相关法律法规方面，并未设置环境基本法，而仅在特定环境介质方面设置了一些相关法律，具体包括：

①《水土保持法》（*Law on the Conservation of Water and Soil*）（Law No. 95-97），1995 年 7 月 17 日颁布。该法主要目的为保护区域的水资源和土地资源。它规定了用水和用地的审批程序及相应的保护措施要求，此外还需对有益于国家可持续发展的条件进行识别。

②《公共海域法》（*Law on the Public Maritime Domain*）（Law No. 95-73），1995 年 7 月 24 日颁布。该法对公共海事领域包括的海滩、河口、岛屿、大陆架进行了重新定义，规定了对其进行利用需满足的条件。

③《废弃物处理处置法草案》（*Draft Law on Waste，its Disposal and*

Elimination）（Law No. 41），1996 年 6 月 10 日颁布。该法主要对废弃物的处理、回收利用、商业利用、填埋等行为做出规范。

此外，针对环境污染源治理，突尼斯采用激励和惩罚并重的管理模式，具体规定如下所示：

①附加有环境友好型（Strong Environmentally Friendly Component）的投资项目将享受污染控制设备及其安装过程的关税免征或关税、增值税减免。此外，相关部门还将对污染控制设备的投资进行补贴，对于环境保护的个人和公司实行 50%额度的税费优惠。

②设立治污基金，以资助工业企业投资工业污染控制设施，以及鼓励社会团体进行固体废物收集和回收再利用。

5.4.1.4 加纳

（1）管理机构设置

加纳环境保护署（Ghana Environmental Protection Agency，EPA Ghana）隶属于加纳环境、科技和发明部（Ghana’s Ministry of Environment，Science Technology and Innovation），于 1994 年根据《环境保护署法案》（EPA Act 490）成立。根据该法案，加纳环境保护署负责改善、保护和促进国家对环境的管理，力求可持续发展和完善高效的资源管理，同时也考虑到社会和公平问题；其主要职能是通过综合环境规划来实现广泛的公众参与，实施适当的环境保护方案和技术服务，根据环境保护相关法律进行执法。在加纳环境保护署的基础上，加纳建立起一个监管和变革机制较为健全的环境管理机构体系，并实行了一系列国家层面的环境保护措施以改善加纳环境，见表 5-5。

表 5-5 加纳环境保护署环境保护措施

时间	措施与影响
1994 年	建立环境影响评价数据库，包括 2 145 条案例以作为全国建设项目环境影响评价的参考
1994 年 11 月 22 日	发布环境教育相关政策
2002 年 4 月	发布《国家治理干旱和荒漠化行动方案》
2003 年 5 月	将战略环境影响评价纳入全国 52 个区的国民经济发展规划中
2003 年 12 月	禁止使用含铅汽油，并于 2006 年对民众血铅含量加以评估
2004 年	加纳 EPA 与美国 EPA 合作，对大气中颗粒物进行源解析，结果显示路边扬尘和汽车废气为主要贡献源
2006 年	为各地环保署区域分部分发声级计，评估当地噪声污染，并指定每年的 4 月 16 日为全国噪声宣传日
2006—2011 年	在非洲开发银行的资金支持下，开展木材的机械化和生物化管理

资料来源：加纳环境保护署官网。

加纳环境保护署下设六个部门，分别为环境监督与执法司（Environmental Compliance and Enforcement，ECE）、国内产业网络司（Inter-Sectoral Network，ISN）、化学品控制与管理中心（Chemicals Control Management Centre，CCMC）、信息教育与联络司（Information Education and Communication，IEC）、项目规划管理与评估司（Programs Planning Monitoring and Evaluation，PPME）和金融管理司（Finance and Administration，F&A）。各部门的下设子部门和职能见表 5-6。

表 5-6 加纳环境保护署机构职能

部门	下设子部门	主要职能
环境监督与执法司（ECE）	环境评估与审计处	• 为环境法修订提供依据 • 协调地方与中央环保部门的执法行动 • 审批环境影响评价 • 受理环境投诉 • 为区域战略环境影响评价提供技术支撑

部门	下设子部门	主要职能
环境监督与执法司（ECE）	环境评估与审计处	• 确保环保事业的公众参与 • 建立环保执法行动数据库
	环境质量处	• 负责全国环境质量监测，包括空气、水、土壤、噪声和其他生物媒介 • 编制和执行环境质量指南和标准
国内产业网络司（ISN）	自然资源处	• 为自然资源相关项目提供环保技术支持 • 鼓励和推动对人居环境的改善（包括城市和农村），提高人民的健康和生活质量 • 推动和促进加纳制造业的环境管理
	矿产资源处	
	建设环境处	
	制造业处	
	石油产品处	
化学品控制与管理中心（CCMC）	农药处	• 规范在农业、林业和公共卫生中对农药和杀虫剂的使用 • 为政府提供农药方面的政策建议
	工业/消费型化学品	
	国家臭氧协会	• 对臭氧层破坏化学品的监测和控制 • 为民众提供化学品信息 • 危险化学品和废物的管理和处置
信息教育与联络司（IEC）	公共事务处	• 促进环境学科教育 • 为海洋开发、气候变化等跨部门计划提供教育材料 • 环境管理、治理和立法培训 • 促进区域的环保措施和规划
	环境信息和数据管理处	
	环境教育处	
项目规划管理与评估司（PPME）	—	• 确保环境保护署战略计划的实施 • 政策实施情况评估 • 确保监测和评估结果有效
金融管理司（F&A）	—	• 管理环保项目资金

资料来源：加纳环境保护署官网。

（2）环境保护相关法律法规

加纳于1994年颁布的《环境保护署法案》（EPA Act 490）不仅规定了环境保护署的建立及其职责等，还作为加纳环境保护的基本法，对加纳的环境保护事业作出整体性规定。在此框架下，加纳的其他行业通过行政许可的方式，对环境保护作出相应规定，总结见表5-7。

表 5-7 加纳涉及环境保护的法律

许可类别	相关规定和要求
农业、运输业、野生动物和森林资源	禁止未经许可破坏森林资源，禁止猎杀濒危野生动物，农业、运输业生产需经许可
化学品和农药	禁止未达到标准向环境排放化学品，禁止使用未在许可清单中的农药
原油和天然气开采	需环境影响评价审批合格
能源行业、制造业、建筑业	限制工业“三废”排放
采矿业	需环境影响评价审批合格
石油加工业	限制工业“三废”排放
第三产业	需环境影响评价审批合格
旅游业	需环境影响评价审批合格
水产养殖业	禁止未经许可破坏海洋资源

资料来源：加纳环境保护署官网。

5.4.2 环保产业发展现状与趋势

随着非洲国家对环境问题重视程度日益提高，清洁生产技术、环保产品和服务的市场规模越来越大。积极发展作为绿色经济载体的环保产业，已经成为非洲地区实现经济社会可持续发展的共同选择。下文重点从宏观经济与产业结构、环保产业发展前景、环保项目案例 3 个方面介绍了非洲重点国家环保产业发展现状及趋势。

5.4.2.1 肯尼亚

（1）宏观经济与产业结构

尽管占 GDP 的比重已由 1964 年的五分之二降至 21 世纪早期的五分之一以下，农业依然是肯尼亚国民经济的重要组成部分。21 世纪，农业主要为制造业供应原材料，并出口创汇，此外，农业从业人口占总人口的绝大部分。农业主要出口产品为茶和花卉，以及少量剑麻、棉花、水果和蔬菜。林业主要供给肯尼亚的国内造纸业，但随着人口的快速增长，不断大规模砍伐森林用于燃料和造纸，森林面积不断减少，鉴于此，肯尼亚已出台一系列植树造林计划。渔业也是肯尼亚经济的重要部分，主要产品为维多利亚湖淡水鱼。

工业方面，肯尼亚是非洲东部工业最发达的国家，在政府的宏观调控下，肯尼亚制造业以出口为发展导向，主要产业包括农产品加工、印刷业、纺织业、服装生产业、水泥生产业，以及轮胎、电池、造纸、陶瓷、皮革制品制造业。此外，还有并不完善的汽车生产业，产品少量销至其他非洲国家如乌干达、坦桑尼亚、卢旺达和布隆迪。重工业方面，钢铁业和建筑业的产值近年来持续增长。

肯尼亚国民经济主要指标见表 5-8。

表 5-8　肯尼亚 2015 年国民经济主要指标

指标	数据
总人口	4 440 万人
城市人口占比	24.78%
GDP	449 亿美元
人均国民收入	860 美元
通货膨胀率	5.74%
人类发展指数	0.519

资料来源：根据非洲发展银行统计数据整理。

（2）环保产业发展前景

①给排水与公共卫生。

整体而言，肯尼亚的给排水和公共卫生服务较差，特别是在城市贫民窟和农村地区，只能保证间歇式供水，季节性和区域性的缺水更加重了供水的难度。

2002 年肯尼亚颁布《水法》（*the Water Act*），肯尼亚的给排水行业由此经历了较大的变革。肯尼亚水利灌溉部将国营给排水服务分散至私营，并降低关税，鼓励国外投资。

肯尼亚的给排水服务主管部门为水利灌溉部（Ministry of Water and Irrigation，MWI），主要负责水资源管理、供水、排水、灌溉和土地复垦工作，进行整体行业的投资、规划和资源配置。而水质标准的制定主要由国家环境保护署负责。

根据肯尼亚 2013—2014 年水务部门统计结果，肯尼亚在给排水和公共卫生产业投资额达 1.2 亿美元，相比于 7.5 亿美元的产业需求，在此方面投资额明显不足。

②可再生能源。

肯尼亚是非洲可再生能源利用发展程度最高的国家，2010 年，肯尼亚在可再生能源相关技术的投资达 13 亿美元，涉及领域包括风力发电、地热、小型水力发电和生物燃料等。肯尼亚对可再生能源涉足较早，是非洲第一个利用地热发电的国家，且目前仍是世界上人均太阳能系统保有量最多的国家之一。目前，可再生能源的发电量占国家发电总量的 28%（各类能源发电量见表 5-9）。2011 年，肯尼亚开放碳交易，这在非洲尚属首次。

表 5-9　肯尼亚各类能源发电量占比

能源种类	发电量/MW	发电量占比/%
水电	761	49.7
化石燃料	525	34.2
地热	198	12.9
蔗渣热电联产	26	2.4
风能	5.45	0.36
未接入主电网	18	1.15
总计	1533	100

资料来源：SREP（Scaling up Renewable Energy Plan） Investment Plan for Kenya。

根据肯尼亚可再生能源发展规划，肯尼亚 2030 年预计用电需求量达

15 000 兆瓦，肯尼亚计划大力发展可再生能源和核能，2030 年，各类能源发电量预计为：地热 5 530 兆瓦，风能 2 036 兆瓦，水力发电 1 039 兆瓦，核电 4 000 兆瓦。由此可以预见，肯尼亚将持续提高在可再生能源领域的投资力度，可再生能源将成为肯尼亚环保产业的发展重点。

③国际合作。

目前，肯尼亚与国际合作的项目投资总额为 6.27 亿欧元，主要的合作对象包括非洲开发银行、世界银行、欧盟委员会、法国、德国、瑞典、丹麦、意大利、芬兰、日本和荷兰。涉及领域主要包括城市和少量农村地区的给排水和卫生设施。肯尼亚环保产业国际合作项目见表 5-10。

表 5-10 肯尼亚环保产业国际合作项目

合作方	合作项目	项目时间	投资	简介
非洲发展银行	小城镇供水和废水、固体废弃物收集处理项目	2009—2013 年	8 420 万欧元	项目位于肯尼亚亚塔地区，受益人数约 78 万人
	供水服务支持项目	2009 年	6 150 万欧元	开发维多利亚湖、Northern Water 和 Tana Water 的水资源
	东非大裂谷供水和卫生项目	2006 年	2 290 万欧元	受益人数约 35 万人
	基苏木地区小学给排水和卫生项目	2007 年	22 万欧元	项目包括 6 所小学，约 3 200 名学生受益
法国发展署	内罗毕、基苏木和蒙巴萨地区的给排水和卫生服务	2008 年	1.05 亿欧元	—
	内罗毕和基苏木地区的给排水和卫生服务	2009 年	5 100 万欧元	—
德国联邦经济合作与发展部	—	—	8 000 万欧元	支持肯尼亚的水务和环保部门建设饮用水和卫生设施
瑞典、丹麦	肯尼亚供水和卫生项目	2005—2010 年	—	支持肯尼亚供水行业的制度建设、水资源管理等
世界银行	水和卫生设施服务改进项目	2007—2012 年	1.59 亿美元	支持阿西的供水服务、沿海区域和维多利亚湖北部的水资源利用技术

资料来源：根据非洲发展银行统计数据整理。

（3）环保项目案例介绍

①纳库鲁给排水和卫生服务项目。

纳库鲁（Nakuru）是肯尼亚第四大城市，也是肯尼亚主要的工业和旅游中心。该城市的市政给排水系统及公共卫生设施不完善，由此导致水源性疾病的高发病率，且居民汲水或购买水的成本较高。

该项目投资 2 700 万美元，以支持和改善纳库鲁的城市、郊区和下辖农村的给排水设施和卫生服务，并成立供水服务委员会，管理供水相关事宜和卫生基础设施建设投资。该项目建设了完整的给排水和卫生服务设施，项目实施后，纳库鲁的自来水日供应量从不足 3 万立方米提升至 5 万立方米，每日可供水时间从不足 6 小时提升至 18 小时，污水收集率从 40%上升至 95%。

②可再生能源：图尔卡纳湖风电场项目。

建设于图尔卡纳（Turkana）湖畔的风力发电项目，将为肯尼亚增加 300 兆瓦的发电能力，有效降低肯尼亚的用电成本，促进肯尼亚能源供给多样化。由于风电属于清洁能源，肯尼亚每年可降低 1 600 万吨的二氧化碳排放。

项目总成本为 5.85 亿欧元，包括风力发电设备、输电线路的投资及运营等。

5.4.2.2 埃塞俄比亚

（1）宏观经济与产业结构

尽管于 20 世纪 90 年代实行了经济改革，埃塞俄比亚仍是非洲和世界上最贫穷的国家之一。2005 年，国际货币基金组织（International Monetary Fund，IMF）、世界银行和非洲发展银行将埃塞俄比亚 100%的贷款债务予以免除。

农牧业是埃塞俄比亚经济的重要组成部分，贡献了近一半的 GDP，埃塞俄比亚具有丰富的可耕作土地和非洲最多的牲畜数量，且畜牧业在满足国内需求的同时，还进行出口。埃塞俄比亚的主要农产品包括小麦、大麦、燕麦、高粱、豌豆、咖啡、油籽、蜂蜡和甘蔗等。埃塞俄比亚无林业部门，其渔业部门规模也较小，主要为人工捕捞，未形成规模化养殖。

制造业贡献了埃塞俄比亚 GDP 的十分之一，其产品主要用于国内消费，制造业产业主要包括食品、饮料、纺织、烟草、皮革和化工产品。此外，家庭手工作坊和小型企业还提供了比农业和工业更多的就业机会，主要生产家具、餐具、织物、皮革、陶器等，这些产品主要进入旅游市场。

埃塞俄比亚国民经济主要指标见表 5-11。

表 5-11　埃塞俄比亚 2015 年国民经济主要指标

指标	数据
总人口	9 410 万人
城市人口占比	17.51%
GDP	489 亿美元
人均国民收入	380 美元
通货膨胀率	7.42%
人类发展指数	0.396

资料来源：根据非洲发展银行统计数据整理。

（2）环保产业发展前景

①可再生能源。

埃塞俄比亚绝大多数的电力都来自可再生能源，2011 年，埃塞俄比亚超过 96%的电力来自水力发电。此外，埃塞俄比亚积极发展风能、地热能发电，以应对水电产出的季节性差异。根据埃塞俄比亚规划，其计划向周边国家输送一定量电力，但目前为止尚需升级和扩建现有的输电线路。

生活方面，由于埃塞俄比亚社会经济发展较为落后，农村人口占比较多，生活能源主要采用生物质能，石油产品占比仅不足 7%。

②生活垃圾处理处置。

埃塞俄比亚的生活垃圾处理处置的不足之处主要在于垃圾收集系统不健全。由于国内农村人口占比较多，居住地点较为分散，不能保证垃圾的有效收集。私营性质的垃圾收集系统尽管是政府鼓励的方向，但尚未形成规模，垃圾的倾倒与任意化处理比较明显，将固体废物直接焚烧仍是家庭处理生活垃圾的常见方式。

（3）环保项目及案例介绍

埃塞俄比亚与联合国儿童基金组织（UNICEF）共同开发项目，致力于推动东非国家的净水、卫生和健康服务。2013 年，埃塞俄比亚制定 One WaSH 国家项目（OWNP），为公民提供现代化的水资源和卫生服务方式。该项目投资时间为 7 年，项目经费达 24 亿美元。

UNICEF 也参与埃塞俄比亚的 One WaSH 国家项目，主要内容是参与该国内四个区域（提格雷、阿姆哈拉、奥罗莫以及索马里州）的农村用水、卫生和健康项目的实施。目前，提格雷地区供水体系已基本建立，可以满足周边地区 5 万多居民较长一段时间的用水需求。

此外，UNICEF 还选取 98 所中小学开展学校的 WsSH 和每月健康管理（Menstrual Hygiene Management，MHM）试点项目，提高学校在环境和卫生管理能力建设水平。

5.4.2.3 突尼斯

（1）宏观经济与产业结构

由于低效和落后的耕作技术，虽然突尼斯有三分之二的国土面积适合耕种，且五分之一的人口从事农业，农业生产依然不能满足突尼斯不断增长的人口需求，农业产值仅占 GDP 的十二分之一，谷物、肉类和奶制品必须依赖进口。近年来，突尼斯投资兴建大量灌溉工程和大坝，防治农业耕种造成的水土流失和荒漠化，农产品价格也因此有所回落。突尼斯主要出口的农产品包括柑橘、橄榄、葡萄、番茄、西瓜和无花果等。林业主要出口产品为橡木和软木，渔业主要出口产品为沙丁鱼、鲭鱼和墨鱼。

制造业贡献了突尼斯六分之一的 GDP，从业人口占比为六分之一。原材料和电力供应不足制约了突尼斯制造业的发展，整体而言，突尼斯的制造业规模偏小，主要集中在纺织、皮革制品、食品加工等行业。自 20 世纪 70 年代以来，突尼斯制造业出口额不断增加，但仍缺乏竞争力，且高度集中于富裕的沿海地区。到 20 世纪 80 年代末，突尼斯实行经济改革，其制造业行业更加多样化，机械、机电设备、石油制品和化学品进入出口清单，这也带来了更多的国外投资，突尼斯的技术转移、金融服务也因此得以发展。

突尼斯国民经济主要指标见表 5-12。

表 5-12　突尼斯 2015 年国民经济主要指标

指标	数据
总人口	1 100 万人
城市人口占比	66.73%
GDP	451 亿美元
人均国民收入	4 150 美元
通货膨胀率	6.03%
人类发展指数	0.712

资料来源：根据非洲发展银行统计数据整理。

（2）环保产业发展前景

①给排水和公共卫生服务

突尼斯是非洲北部给排水和卫生服务覆盖面最广的国家。2011 年，突尼斯的城市可靠供水覆盖率达 100%，农村接近 99%，且供水服务质量也趋于优等[①]。近年来，在突尼斯的近期和中长期规划中，给排水和卫生服务类投资均逐渐提高，第十个五年计划（2002—2006 年）中水务投资为 12.52 亿第纳尔（突尼斯货币），第十一个五年计划（2007—2011 年）提高至 15.80 亿第纳尔。

②国际合作

突尼斯环保领域的国际合作在突尼斯环保产业发挥着重要作用，主要合作对象包括非洲发展银行、欧洲投资银行、德国发展银行、世界银行和法国发展署等。突尼斯环保产业国际合作项目见表 5-13。

表 5-13 突尼斯环保产业国际合作项目

合作方	合作项目	项目时间	投资	简介
欧洲投资银行	ONAS 4 水处理项目	2006 年	9 000 万欧元	城镇污水收集和处理，并回用为农业灌溉用水
世界银行	突尼斯污水收集和回用项目	1997—2005 年	1.07 亿美元	提高城市污水处理和饮用水供给，促进污水回用作农业灌溉用水
	城市供水项目	2005—2012 年	3 800 万美元	升级突尼斯的城市供水基础设施，提高可持续性利用
	突尼斯西部地区污水处理项目	2006—2012 年	7 200 万美元	提高突尼斯西部城市污水处理和饮用水供给，促进污水回用作农业灌溉用水

资料来源：Agence Française de Développement、European Investment Bank、World Bank 的项目报告。

（3）环保项目及案例介绍

①突尼斯污水处理厂提标改造项目。

该项目将显著提升突尼斯 17 个水务管理部门下辖的 30 座污水处理厂的污水处理水平，使约 396 万人受益于此。项目时间为 2012 年至 2016 年，包括两个部分：通过翻修排水和污泥传输系统来提升污水处理设施，建立

① 数据来源：World Health Organization；UNICEF. Joint Monitoring Programme for Drinking Water Supply and Sanitation。

污水处理厂自动化监测和管理系统；通过相关科学研究和监测工作，提升突尼斯全国的公共卫生能力（the Capacity of National Sanitation Agency）。整个项目投资约 UA 3 330 万，非洲发展银行贷款占比 88%，突尼斯政府投资占比 12%。

该项目是突尼斯第 12 个经济和社会发展五年规划（2010—2014 年）的一部分，对突尼斯的综合水资源管理工作将有突出贡献。对于污水处理设施的改进，将使突尼斯污水回用率达到 50%，大大缓解了农业灌溉压力。

②突尼斯农村给排水项目。

该项目时间为 2012—2016 年，包括以下内容：

- 新建 156 套给排水系统，受益人口约为 10 万人。
- 新建 143 座水处理系统（包括 128 座常规处理系统和 15 座复杂处理系统），受益人口约 22.4 万人。
- 通过建设供水管网提升突尼斯国家供水能力（the National Water Supply Authority），受益人口约 2.4 万人。
- 技术支持包括：详细的初步设计和可行性研究、来自 CRDAs 的技术援助及相关设备采购和人员培训。

总项目投资约 UA 9 081 万，其中非洲发展银行贷款占比 93.83%，突尼斯政府投资占比 13.93%，项目涉及突尼斯的 20 个省，约 34.8 万人的给排水基础设施。

5.4.2.4 加纳

（1）宏观经济与产业结构

加纳政府自独立以来建立了多项工业化国家发展政策，建立了一个行业覆盖广泛的工业体系，以食品、饮料、烟草、纺织、服装、木材、化学品、药品、金属制品及钢铁产业等行业为主。产品去向主要为国内消费。加纳的工业发展一直受到资金短缺的制约，加纳政府从 20 世纪 80 年代起开始意识到吸引外资的重要性，并将其作为经济增长的重要助力。加纳在 20 世纪 90 年代和 21 世纪初进行了大规模国企私有化行动，成功吸引了较多的外国投资。加纳的采矿业在 20 世纪六七十年代受到设备、技术人员和外汇资金短缺的严重制约，自 1985 年起，加纳发布了新投资规定，降低了采矿业建设材料和设备的进口关税，刺激了采矿业的生产和增长，并鼓励了外资在加纳进行投资。20 世纪 90 年代，加纳采矿公司数量增长了一半以上，黄金产量也大幅增加。

21 世纪以来，以旅游业为代表的第三产业成为加纳最重要的外汇来源。20 世纪 90 年代加纳对境内的文物古迹进行了修复，并大力发展生态旅游和民营酒店企业。

加纳国民经济主要指标见表 5-14。

表 5-14　加纳 2015 年国民经济主要指标

指标	数据
总人口	2 590 万人
城市人口占比	53.21%
GDP	413 亿美元
人均国民收入	1 550 美元
通货膨胀率	11.74%
人类发展指数	0.558

资料来源：根据非洲发展银行统计数据整理。

（2）环保产业发展前景

加纳环境保护面临一定挑战，包括排水和公共卫生系统、饮用水供应等问题。自 1994 年加纳成立环境保护署以来，加纳在水环境治理方面逐步实行权力下放，引入社会力量参与，给排水设施建设扩展至全国 138 个区域，并增强了农村供水系统的建设和管理。但在 2006—2010 年与国际合作项目到期后，也只实现了有限的部分目标。

根据世界卫生组织（WHO）数据，加纳给排水和公共卫生设施的情况见表 5-15。

表 5-15　加纳给排水和公共卫生设施情况

项目		城市（人口占比 51%）	农村（人口占比 49%）	整体数据
供水	广义	91%	80%	86%
	覆盖率	33%	3%	18%
排水和公共卫生	广义	9%	6%	14%
	排水	—	—	—

资料来源：2012 年世界卫生组织统计数据。

根据联合国 2015 年度发展目标报告，加纳非功能性供水系统在加纳占三分之一，而非功能性供水系统的供水能力远小于其他类型的供水系统。此外，不断增长的工业和农业规模，也使加纳供水显得越发捉襟见肘。据估计，首都阿克拉地区只有约四分之一的居民能享受到持续地给排水系统服务，而 30%的居民能享受到每周 5 天、每天 12 小时的给排水服务，35%的居民能享受到每周 2 天的给排水服务，而剩余 10%的居民则完全没有给排水系统覆盖。在加纳农村地区，居民则必须打井或从较远的水源地点取水，由于没有排水设施和污水处理设施，地下水污染严重，也因此引发各种传染疾病，因饮水不健康致死的现象屡见不鲜。

据统计，加纳的城市每日产生污水量约为 76.37 万立方米，每年约为 2.8 亿立方米。但污水收集率和处理率却相当低；且工业和农业废水造成数百万人的饮用水污染。在首都阿克拉地区，污水收集率仅为 10%。据加纳环保署统计，加纳全境仅有 46 个污水处理厂，且仅有不足 25%的污水处理厂在有效、稳定地运行。为解决水环境污染问题，2006 年 10 月在 John Kufuor 总统的推动下，由世界银行资助，加纳水资源管理部门与荷兰 Aqua Vitens 水处理公司签订五年协议，促进加纳给排水设施建设和管理，主要目标包括改善加纳现存设施的可靠性和饮用水质量，降低水价等。但 2011 年项目协议到期后，仅实现了部分目标。

近年来，加纳政府实行进口关税减免和营业税调降等经济政策，以吸引环保产业投资合作，并激励其他行业工业企业进行环境保护设施的建设，大大促进了环保产业的发展。在经济增长的支撑下，加纳环保产业的市场需求不断扩大，水资源利用、污水处理和固体废弃物处理处置均显示出较大的发展潜力。政府在不断加大环保投入的同时，也积极吸引民营资本和国际资本的进入，从而为加纳环保设施建设和运营提供了较好的资金保障。

（3）环保项目案例介绍——阿克拉（Accra）地区污水处理设施提标改造项目（ASIP）

加纳的阿克拉地区仅有约 15%的地区（主要为中央城区）铺设有排水管网，其余地区的排水设施均属于化粪池等简易设备，污水收集率很低。虽然在新建区域也建设有排水设施，但阿克拉地区整体而言排水设施仍极为有限，地表水污染日趋严重。为解决此问题，阿克拉政府于 1996 年就进行了污水处理设施建设和改造的规划，并于 2004 年进行了详细的可行性研究、初步设计、招标以及环境和社会影响评价。

ASIP 项目包括在 2020 年之前分别在 Densu Delta 和 Legon 新建两座污水处理厂，现存的小型污水处理设施将被逐渐停止使用，污水处理厂的出水将直接排入海洋。其他的配套设施包括泵站、污水管网及卫生设施、环境保护措施、制度建设、工程服务和项目管理。具体的项目预期成果如下：

- Densu Delta 污水处理厂（设计处理量 6 000 吨/日），Legon 污水处理厂（设计处理量 6 400 吨/日）。
- 8 座配套传输泵站。
- 32.8 千米管道，用以连接泵站和污水处理厂。
- Densu Delta 污水处理厂的尾水排水管道 1.25 千米（通向海洋）。
- 新建 63.1 千米的排水管网，用于收集城市生活污水。
- 污水处理厂配套自动检测装置。
- 排水设施运营人员培训。

6 中国与非洲重点国家环保产业合作

中非环保合作处于起步阶段，初期以务实对话与政策框架设计为主，环保产业与技术合作属于中非环保合作重要领域。本章重点概括了中非环保合作发展概况，相关战略及政策、重点合作领域及项目，并对中非环保产业合作面临的机遇和挑战进行了分析与阐述，而后提出了中国与非洲环境合作展望，力求结合中非在环境领域的优势及特点，为中非环保产业合作务实开展提供新思路。

6.1 中非环保合作发展概况

中国与非洲的合作始于政治合作与无偿援助，在中国实施改革开放政策后逐步延展到经贸、卫生、农业、文化、科技等各个领域，迄今已有近60年的历史。随着中非经贸关系的不断发展，并主要依托中非合作论坛平台，开始与非洲国家进行气候变化与水资源管理、生态系统监测与管理、水污染防治等领域进行能力建设与人员培训方面的实质性合作。

6.1.1 中非合作论坛框架下的环境合作

2000 年 10 月举办的“中非合作论坛”是中非环保合作进入成熟阶段的开端，论坛通过的《中非经济和社会发展合作纲领》中，中非双方承诺将进一步加强合作，将环境管理与国家发展相结合，在污染控制、生物多样性保护、森林生态体系保护等方面全面进行合作，在论坛结束后，中国政府高度重视后续行动的落实工作，成立由 21 部委组成的后续行动委员会。2003 年 12 月的中非合作论坛通过了《亚的斯亚贝巴行动计划》，规定实施合作项目的企业应采取具体的环境保护措施。2006 年 1 月，中国政府发表《中国对非洲政策文件》，承诺与非洲国家“加强技术交流，积极推动中非在气候变化、水资源保护、荒漠化防治和生物多样性等环境保护领域的合作”，确定了中非在环保方面的合作方向。2009 年，中非合作论坛第四届部长级会议在埃及沙姆沙伊赫举行，会议通过了《中非合作论坛沙姆沙伊赫宣言》和《中非合作论坛——沙姆沙伊赫行动计划（2010—2012 年）》，指明了中非关系的发展方向。根据《沙姆沙伊赫行动计划》，中国将加强与非洲国家在环境监测领域的合作，继续将地球资源卫星数据与非洲国家共享，促进其在非洲国家环境保护领域的应用；加强与非洲在清洁能源开发利用和卫生用水合作，帮助非洲国家提高适应气候变化、保护环境、保障人民用水安全的能力。时任中国国务院总理温家宝也在会上强调，中国将把帮助非洲发展绿色经济、实现可持续发展作为中非合作首要项目。

2012 年 7 月，中非合作论坛第五届部长级会议在北京召开。会议以“继往开来，开创中非新型战略伙伴关系新局面”为主题展开讨论，通过了《中非合作论坛第五届部长级会议——北京宣言》和《中非合作论坛——北京行动计划（2013—2015 年）》两个成果文件。新《北京行动计划》指出，中方将帮助非洲国家加强气象基础设施能力建设和森林保护与管理，并将在防灾减灾、荒漠化治理、生态保护、环境管理等领域加大对非洲的援助和培训力度；加强与非洲国家在环境监测领域的合作，积极分享空间技术减灾应用经验，适时开展旱灾遥感监测技术交流与合作，提升旱灾监测能力；中方承诺将继续采取措施，帮助非洲国家提高适应和减缓气候变化影响以及可持续发展能力。

2015 年 12 月，国家主席习近平赴南非出席了中非合作论坛约翰内斯堡峰会，明确中非发展战略高度契合，双方应充分发挥比较优势，推动互利合作提质增效，确保共同繁荣。论坛审议通过了《约翰内斯堡行动计划（2016—2018）》，文件提出“设立中非环境合作中心，开展中非绿色技术创新项目，与非方开展环境友好型技术合作”，以加强中非环境合作，促进非洲国家绿色发展。

为落实中非合作论坛约翰内斯堡峰会成果文件，生态环境部（原环境保护部）部长李干杰、肯尼亚环境部长瓦克洪古和联合国环境规划署执行主任索尔海姆于 2017 年 12 月在第三次联合国环境大会期间共同签署了《联合成立中非环境合作中心合作意向书》，三方将在肯尼亚内罗毕共建“中非环境合作中心”。

2018 年 8 月，中非环境合作中心临时秘书处在内罗毕揭牌。作为支持实施 2030 年可持续发展议程和非洲 2063 年议程的促进机制，中非环境合作中心将加强中国与非洲国家、私营部门、研究机构和政府间组织之间的伙伴关系，推动南南环境合作，促进中非环保事业发展与绿色投资。

2018 年 9 月，国家主席习近平在中非合作论坛北京峰会开幕式的主旨讲话中宣布将“推进中非环境合作中心建设，加强环境政策交流对话和环境问题联合研究；开展中非绿色使者计划，在环保管理、污染防治、绿色经济等领域为非洲培养专业人才”。峰会通过的《中非合作论坛——北京行动计划（2019—2021）》提出中非双方“共同推进中非环境合作中心建设，通过加强环境政策交流对话、推动环境产业与技术信息交流合作、开展环境问题联合研究等多种形式，深化中非环境合作。继续实施中非绿色使者计划，在环保管理、污染防治、绿色经济等领域为非洲培养专业人才，加强能力建设，促进非洲国家绿色发展。”中非生态环保合作由此站上新起点，迈入新时代。

中非环保合作的重大事件总结如表 6-1 所示。

表 6-1　中非环境保护领域合作的阶段性进展总结

时间	事件	主体	成果简介
1972 年	联合国人类环境会议	联合国	以苏丹为首的非洲国家支持中国代表团提出的《人类环境宣言》草案修正案，中非环保领域合作由此发端
1992 年	联合国人类环境会议	77 国集团、中国	发布《关于环境与发展的里约宣言》和《21 世纪议程》
2000 年 10 月	中非合作论坛	中国和非洲国家	论坛通过《中非经济和社会发展合作纲领》，中非双方承诺将进一步加强合作，将环境管理与国家发展相结合，在污染控制、生物多样性保护、森林生态体系保护等方面全面进行合作
2003 年 12 月	中非合作论坛第二届部长级会议	中国和非洲国家	论坛通过《亚的斯亚贝巴行动计划》，规定实施合作项目的企业应采取具体的环境保护措施
2006 年 1 月	—	中国政府	发表《中国对非洲政策文件》，承诺与非洲国家“加强技术交流，积极推动中非在气候变化、水资源保护、荒漠化防治和生物多样性等环境保护领域的合作”，确定了中非在环保方面的合作方向
2006 年 11 月	中非合作论坛北京峰会	中国和非洲国家	论坛通过了《中非合作论坛——北京行动计划（2007—2009）》，中国政府承诺在合作中帮助非洲国家将能源、资源优势转化为发展优势，保护当地生态环境，促进当地社会可持续发展
2009 年	中非合作论坛第四届部长级会议	中国和非洲国家	会议通过了《中非合作论坛沙姆沙伊赫宣言》和《中非合作论坛——沙姆沙伊赫行动计划（2010—2012 年）》。根据《沙姆沙伊赫行动计划》，中国将加强与非洲国家在环境监测领域的合作，继续将地球资源卫星数据与非洲国家共享，促进其在非洲国家环境保护领域的应用；加强与非洲在清洁能源开发利用和卫生用水合作，帮助非洲国家提高适应气候变化、保护环境、保障人民用水安全的能力

时间	事件	主体	成果简介
2012 年 7 月	中非合作论坛第五届部长级会议	中国和非洲国家	通过了《中非合作论坛第五届部长级会议——北京宣言》和《中非合作论坛——北京行动计划（2013—2015）》两个成果文件。新《北京行动计划》指出，中方将帮助非洲国家加强气象基础设施能力建设和森林保护与管理，并将在防灾减灾、荒漠化治理、生态保护、环境管理等领域加大对非洲的援助和培训力度；加强与非洲国家在环境监测领域的合作，积极分享空间技术减灾应用经验，适时开展旱灾遥感监测技术交流与合作，提升旱灾监测能力；中方承诺将继续采取措施，帮助非洲国家提高适应和减缓气候变化影响以及可持续发展能力
2015 年 12 月	中非合作论坛约翰内斯堡峰会	中国和非洲国家	会议通过了《中非合作论坛约翰内斯堡峰会宣言》和《中非合作论坛——约翰内斯堡行动计划（2016—2018）》。行动计划中提出“设立中非环境合作中心，开展中非绿色技术创新项目，与非方开展环境友好型技术合作”，以加强中非环境合作，促进非洲国家绿色发展
2017 年 12 月	签署《联合成立中非环境合作中心合作意向书》	中国生态环境部、肯尼亚环境部、联合国环境规划署	为落实中非合作论坛约翰内斯堡峰会成果文件，生态环境部部长李干杰、肯尼亚环境部长瓦克洪古和联合国环境规划署原执行主任索尔海姆在第三次联合国环境大会期间共同签署了《联合成立中非环境合作中心合作意向书》，三方将在肯尼亚内罗毕共建“中非环境合作中心”
2018 年 8 月	中非环境合作中心临时秘书处在内罗毕揭牌	中国生态环境部、联合国环境规划署	2018 年 8 月，中非环境合作中心临时秘书处在内罗毕揭牌。作为支持实施 2030 年可持续发展议程和非洲 2063 年议程的促进机制，中非环境合作中心将加强中国与非洲国家、私营部门、研究机构和政府间组织之间的伙伴关系，推动南南环境合作，促进中非环保事业发展与绿色投资
2018 年 9 月	中非合作论坛北京峰会	中国和非洲国家	峰会通过的《中非合作论坛——北京行动计划（2019—2021）》提出中非双方“共同推进中非环境合作中心建设，通过加强环境政策交流对话、推动环境产业与技术信息交流合作、开展环境问题联合研究等多种形式，深化中非环境合作。继续实施中非绿色使者计划，在环保管理、污染防治、绿色经济等领域为非洲培养专业人才，加强能力建设，促进非洲国家绿色发展”

6.1.2 中非人力资源环境培训计划

2006年1月12日，中国政府发表了《中国对非洲政策文件》，承诺与非洲国家“加强技术交流，积极推动中非在气候变化、水资源保护、荒漠化防治和生物多样性等环境保护领域的合作”，初步确定了中非在环保方面的合作方向。自2005年至今，在“中非合作论坛”推动下，利用中国政府的援外资金，由中国商务部举办，环保部下属机构承办的涉非环境管理研修班迄今在北京已成功举办16期，主要培训了来自非洲大陆的300多位环境高级官员。涉非环境培训主题涉及“水污染和水资源管理”“生态环境保护管理”“环境管理”“城市环境管理”和“环境影响评价管理”等广泛的环境保护领域。培训取得了很好的效果，得到了有关国际组织的认可，特别是培训班得到了参训学员的充分肯定，该援外培训项目，曾被联合国环境规划署誉为“南南合作的典范”。环境领域援外培训班，作为中国在环境保护领域对外宣传“文化软实力”的一种载体，对中国在环境保护领域负责任大国的形象维护、对和谐周边、和谐区域及和谐世界的建设都发挥着重要的作用。

6.1.3 中国对非洲的环境相关援助项目

沼气和小水电等清洁能源的利用是中国开展较早且具有一定优势的援助领域，国务院新闻办发布的《中国的对外援助》白皮书列为中国对外援助重点领域之一。在对外援助初期，中国帮助亚非发展中国家利用当地水力资源，修建中小型水电站及输变电工程，为当地工农业生产和人民生活提供电力。20世纪80年代，中国同联合国有关机构合作，向许多发展中国家传授沼气技术。

同时，中国还通过双边援助渠道向非洲乌干达等国传授沼气技术，取得较好效果，减少了受援国对进口燃料的依赖。

目前，中非国家间在推动可持续能源领域的双边环保合作项目已逐渐展开。中国已在塞内加尔、马里、尼日尔等国农村推广使用太阳能集热器，取得了较好的经济效益。2009 年《中非合作论坛——沙姆沙伊赫行动计划（2010—2012）》中，中方承诺将为非洲国家援助 100 个沼气、太阳能、小水电等小型清洁能源项目和小型打井供水项目。中国也与突尼斯、几内亚等国家开展了沼气技术合作，为喀麦隆、布隆迪、几内亚等国援建水力发电设施，与摩洛哥、巴布亚新几内亚等国开展太阳能和风能发电方面的合作。此外，中国还为发展中国家举办清洁能源和应对气候变化相关的培训。2000 年至 2009 年，共举办 50 期培训班，培训内容涉及沼气、太阳能、小水电等可再生能源开发利用、林业管理、防沙治沙等，1 400 多名来自发展中国家的学员来华参加了培训。

另据美国智库全球发展中心统计，近年来，在水资源供应和卫生领域，中国在非洲一些国家设立了以改善当地环境为目标的项目。例如，2007 年中国向毛里求斯和喀麦隆援建了污水处理厂和给水管网。此外，中国企业还在科特迪瓦合作垃圾处理环保项目，并在阿比让正式启动，在毛里求斯雅克山的污水处理厂项目也已完工，取得了较好的效果。

6.2 中非环保合作相关政策

目前，“中非合作论坛”已成为新形势下中非对话与务实合作的有效机制，是中非环保合作的重要平台。在中非合作机制下，相继出台了一系列战略政策文件，落实推进中非环保合作务实开展。同时，相关政策文件对环境保护提出了更高要求，以加强中非合作的可持续发展。

2015 年 12 月 5 日，中非双方在约翰内斯堡峰会暨中非合作论坛第六届部长级会议上，通过了《中非合作论坛——约翰内斯堡行动计划（2016—2018）》，该行动计划指出，中方将继续在力所能及的范围内逐渐扩大对非洲国家的援助规模，重点加强与非洲国家在农业、卫生、基础设施、教育和人力资源开发、野生动植物与环境保护等民生领域的合作，提高援助实效，支持非洲国家经济社会发展。致力于在国际事务中相互支持，继续在贸易、金融、环境保护、和平安全、文化交流、经济社会发展和促进人权等领域加强合作，同时维护各国自主选择发展道路的权利。行动计划第四章第六节明确提出了中非双方在环境保护和应对气候变化领域的合作重点，具体如下所示。

- 对双方近年在环境保护和应对气候变化领域的合作成果表示满意，将继续加强相关领域对话，密切在边境设施管理、搜索、扣押、销毁偷盗猎资源以及情报搜集方面的合作，打击与国际有组织犯罪相关联的团伙。
- 为加强中非环境合作，促进非洲国家绿色发展，中方将在“中国南南环境合作—绿色使者计划”框架内，推出“中非绿色使者计划”，设立中非环境合作中心，开展中非绿色技术创新项目，与非方开展环境友好型技术合作，在生态环境保护、环境管理、污染防治等领域加大对非洲的培训力度，推动中非绿色金融对话与合作，探索中非间政府与社会资本环境合作模式。
- 共同推进“中非联合研究中心”项目建设，就生物多样性保护、荒漠化防治、森林可持续经营、现代农业示范等开展合作。中方将支持非洲实施 100 个清洁能源和野生动植物保护项目、环境友好型农业项目和智慧型城市建设项目。
- 中非双方将加强在保护野生动植物领域的合作，帮助非洲国家提升保护能力，加强环境保护人员能力建设，为非洲国家提供环境和生态保护领域培训名额，探讨合作实施野生动植物保护示范项目，联合打击野生动植物非法交易，尤其是在非洲大陆偷猎大象、犀牛等濒危物种的行为。

- 共同努力加强水资源管理和废弃矿山恢复。
- 中方将与非洲国家加强环境监测合作，继续与非洲国家共享中国-巴西地球资源卫星数据，促进其在非洲国家土地利用、气象监测、环境保护等领域的应用，探讨建设气象卫星数据接收处理应用系统。
- 加强在气候变化领域的政策对话，深化中非在应对气候变化，尤其是在气候变化监测、减少危机和脆弱性、加强恢复能力、提高适应力、能力建设、技术转移、提供监管和实施资金方面的合作，完善中非气候变化磋商与协作机制。
- 中方宣布建立200亿元人民币的中国气候变化南南合作基金，用于支持其他发展中国家应对气候变化，包括提升发展中国家获得绿色气候基金相关资金的能力。双方同意加强中非气候变化南南合作，扩展合作内容，提升非洲国家减缓和适应气候变化行动的能力。
- 建立多层次的减灾救灾合作对话机制，扩大在灾后反应和重建、风险评估、灾害预防和重建教育等领域交流。
- 在灾害应急期间，应非洲国家要求，中方将提供基于空间技术的灾害应急快速制图服务。

同期，中国在约翰内斯堡峰会期间，还发表了第二份《中国对非洲政策文件》，其中第四章第六条为“加强气候变化和环境保护协作”，具体内容包括：

- 大力发展和巩固中非在《联合国气候变化框架公约》和其他相关机制下合作，积极推动双方开展应对气候变化磋商、交流和相关项目合作。
- 创新合作领域，深化务实合作，共同提高应对气候变化能力。

- 加强环境政策对话，密切中非在双（多）边环境领域的协调与合作。
- 加强在生态保护、环境管理、污染防治、生物多样性保护、水资源保护和荒漠化防治等领域的教育和人力资源培训和综合治理示范合作。
- 推动适用环境友好型产能合作与技术转让。
- 加强环保法律、法规交流，积极开展在濒危野生动植物种保护领域的对话与合作，加强情报交流和执法能力建设，严厉打击走私濒危野生动植物的跨国有组织犯罪活动。
- 在履行《生物多样性公约》《濒危野生动植物种国际贸易公约》等国际事务中加强沟通、协调立场，共同促进全球野生动植物保护和可持续利用。

综上所述，未来中非环保产业与技术合作将主要集中于生态修复、荒漠化防治、森林可持续经营、绿色农业、可再生能源、环保技术培训与服务等领域。

6.3 中非环保产业合作面临的机遇与挑战

非洲国家是中国环保产业开拓对外市场、实现互利合作的优先选择对象，也是中国环保企业国际化发展的优先选择目标之一。中国和非洲有着相似的发展经历和目标，同时都面临着发展经济与环境保护的双重挑战。而中国经过长期摸索建立起的一套符合发展中国家国情的环保体系，对非洲而言有很强的借鉴意义。在此基础上，下文重点围绕中非在环保产业合作中面临的机遇与挑战进行分析和阐述。

6.3.1 中非环保产业合作的机遇

6.3.1.1 中国-非洲环保产业合作符合中国产业发展需求

随着中国经济实力的增强，经济体量位列世界第二，政治辐射力增强，加之中国强大的外汇储备量，在非洲国家的影响力随之增大。中国作为负责任的大国，环保是务实的外交方向，既能促进中国环保企业的进一步发展，又能提升中国的政治影响力。环保产业“走出去”，既能服务于可持续发展，同时也有利于解决经济和就业问题，实现多方面共赢。

同时，环保产业“走出去”也符合我国产业结构升级与转型的需求。中国环保企业在这样一个特定政治背景之下，尽管从微观来看属于利益驱动下的市场行为，但环保产业在非洲领域的合作又与我国的政治输出、影响力输出以及文化输出相契合。因此，应从更高的高度看待环保产业“走出去”战略及其所面临的政治背景。

中国与非洲在环保领域的合作，将有利于带动双方环保产业的发展，从而进一步促进双方在多领域的合作，促进区域可持续发展。这也将有利于中国和非洲各国参与全球经济治理和区域合作，积极创造参与国际经济合作和竞争的新优势，符合中国与非洲各国共同的战略利益和经济利益。

6.3.1.2 中国-非洲环保产业合作具有互补性

中国与非洲双方在环保产业合作方面具有天然优势。主要体现在以下几个方面：

（1）产业互补性

改革开放以来，中国经济一直保持较快增长，并形成了丰富的工业门类和较强的经济实力。尽管环保产业起步较晚，但也已经颇具规模，通过不断地尝试与摸索，在一些细分领域形成了相对成熟的商业模式，环保产业链日趋完整，从最开始的环保设备制造，逐渐向工程建设、投资、运营发展。非洲国家本身的经济总量不大，大部分国家竞争力不强，其中一些国家的环保产业还处于形成初期，无论是对环保初级产品还是环保基础设施的建设都十分紧缺。从而，中国在与非洲国家环保产业链上的各个连环上，都容易形成供应和需求的对应关系。

（2）相似的体制特征

总体来看，近年来，中国和非洲国家都在调整产业结构，以增强经济的可持续性和在国际上的竞争力。节能环保产业已经成为中国七大战略性新兴产业之首，在越来越多的非洲国家，也被列为未来经济发展的重点领域。建设资源节约型、环境友好型社会是中国与非洲国家的共同目标。环境保护、减少环境污染，遏制生态恶化，并就此加强合作，符合中国与非洲国家的共同利益。相似的结构转型体制特征，也将使中国与非洲的环保产业在政策、机制、市场、技术等方面形成更多共同之处，有利于双方更好地相互适应与合作。

（3）相似的环境需求

中国与非洲国家的发展历程相似，面临着许多共同的环境领域的挑战。劳动密集型与资源密集型制造业的发展，既为非洲国家的经济提供了动力，也使工业污染物排放量不断增加。同时，非洲国家人口密度大，然而市政供排水系统、垃圾处理场等环保基础设施建设严重不足。相似的环境问题意味着相似的环境需求。中国在一些领域已经拥有了比较完备的技术和规模，在与非洲国家环保市场的需求对接方面，将获得优势。

6.3.1.3 中国-非洲环保产业合作潜力巨大

经过近 20 年的发展，我国环保产业已初具规模并驶入高速发展阶段。随着国务院颁布了《关于加快培育和发展战略性新兴产业的决定》，以及一系列利好政策的出台，将环保产业发展势头推向新一轮的高潮。环保产业的服务核心是政府将环境公共服务逐渐外包化的产物。政府部门在实施环境服务外部化的过程中，将设备、工程、运营逐一释放给市场，与此同时，中国国内的环保产业也在不断拓宽自身的领域范畴，逐步走向成熟。

非洲国家随着经济的快速发展，面临着与中国类似的环境污染、水土流失、植被破坏等问题。而很多非洲国家的环境保护工作，在前一阶段限于其经济和技术水平，仍十分欠缺。在可持续发展理念日益深入人心的背景下，非洲国家对环境保护的重视程度已经上升到国家长远发展的战略高度，这势必将有力地带动当地环保市场需求的快速增长。同时，中国环保企业经过多年发展，积累了相当丰富的实践经验，形成了一批成熟的环保技术和环保产品，相比于欧美或日韩，中国环保设备和服务依然具有一定的性价比优势。因此，在国内的一些环保细分市场趋于饱和的情况下，非洲国家已经成为许多中国环保企业走向国际时优先选择的区域。

6.3.1.4 中国-非洲环保产业合作需求广泛

由于非洲各国经济水平、产业发展水平的不同，合作需求不尽相同。

对于南非、埃及等非洲较发达国家，由于其经济发达，环保科技水平很高。因此，通过开展联合研究和开发环境保护领域的技术寻找适合发展中国家国情的可靠技术，是其环保产业发展的重点需求。

对于突尼斯、肯尼亚等非洲经济发展中等水平的国家，其已经具备了较为完善的环保法律、法规，国内民众环境意识有了明显提高，环保产业已初具规模。但是，受制于工业基础薄弱、资金缺乏、科技实力不强、技术人员匮乏等因素，许多关键技术瓶颈无法突破，环保设备及产品严重依赖进口。因此，在水污染治理、大气污染治理、固体废弃物处理以及监测设备是目前这些非洲国家未来环保产业合作与寻求突破的重点领域，同时，以环境影响评估以及污染治理设备运营为代表的环境服务业也是这些国家环保产业发展关注的重点领域。

对于埃塞俄比亚、苏丹等非洲贫穷国家，由于这些国家还处于经济发展的初级阶段，工业发展带来的环境问题开始显现。受制于相关环保政策、制度和标准的不完善，环保产业还处于起步阶段。因此，寻求法律、法规及相关制度、标准制定方面的援助是这些非洲国家的需求重点。同时，在水处理、大气治理、固体废弃物处理等领域寻求开展合作示范项目是其发展环保产业的重点工作。

6.3.1.5　中国-非洲环保产业合作模式多样

当前我国大力实施“一带一路”倡议，推动与非洲国家环保产业合作发展，而我国建立中非工业园区正是促进相关环保产业的快速发展、与东道国形成互补优势的重要途径，也是我国环保企业“走出去”的重要推动力。目前，从商务部确认过通过考核的 13 个境外经贸合作区的分布来看，非洲地区占各有 4 个合作区。在非洲国家建设的中非经贸合作区有力促进了我国企业海外投资建厂，环境保护作为项目投资、建设和运营过程中不可或缺的措施和步骤将有效推动国内环保产品和服务向国外出口，也推动了东道国可持续发展，进一步推进了我国与非洲国家的国际产能合作与双边关系发展。随着“一带一路”倡议的进一步实施和推进，借助园区平台，将环境保护纳入园区内的产业链中，对中国打开非洲环保市场，推进我国环保产业“走出去”，具有重要意义，必将迎来更多发展机遇。

针对中非合建工业园区的产业现状，中非环保产业可以从以下几方面入手开展环境治理和保护的相关项目。一是制定工业园区环境保护规划。在分析工业园现状和存在环境问题的基础上，结合园区的近期、远期发展规划，制定“三废”及危废处置和统一管理规划。需对园区内废物种类、处置现状和现有处置能力进行调研，并结合近期入驻企业数量、类型和产废情况合理规划处理设施。二是源头减量。对产废量较大的工业企业推行清洁生产，通过工艺技术改造等措施，从工业源头降低污染物产生量。三是开展废物综合利用项目，规模化整合资源。针对工业园区的产业分布特点，进行园区企业废物的回收利用项目，优化资源配置，节约企业生产成本。

6.3.2　中非环保产业合作的挑战

在“一带一路”建设新时期，中非环境合作取得积极进展。但是，相比于美、日等环保产业国际化较为成熟的国家，中国与非洲国家在环保产业合作仍处于起步阶段，在相关政策保障体系、公共服务平台建设、信息渠道拓展、合作模式创新等方面仍存在一定挑战。

6.3.2.1　对于非洲整体环保产业需求与制度安排，中国企业缺乏明显的政策透明渠道

在“走出去”过程中，中国环保企业面临着环保标准法规、环保产业需求与制度安排相关政策渠道单一等方面的障碍。一方面，中国的相关法规、标准等文本以中文版本为主，目标国较难将中国的要求与其本国及发达国家所用的标准进行便捷比对，作为其判别中国环保企业所能提供的服务水平的重要依据；另一方面，国家层面缺乏有利于环保产业发展的政策规划及推动环保产业

"走出去"的交易模式。例如，目前中国环保企业对非投资主要以单个工程或单个项目的形式，中国与非洲仍没有签署区域性自贸区协议，多、双边贸易不畅在一定程度上不利于环保产品与服务输出等相关工作开展。

6.3.2.2 合作意愿良好，但缺乏技术合作与信息平台

在"走出去"过程中，通过展览会、国际论坛、商贸工作机制、示范基地等类型的平台展示我国环保产业成果以及环保企业，是非洲国家了解中国环保产业的重要平台。但是，该类型的技术平台数量少，影响力有限，导致国际上对中国环保产业缺乏了解。此外，由于我国涉及环保产业的部门较多，中国环保企业在"走出去"过程中缺乏相应的平台全面了解目标国环保产业状况、投资环境、环保政策要求及法律环境、商业机会、工程招标操作模式、产业预警等领域的信息，使中国环保企业在参与当地竞争时面临着适应本土规则的障碍，也需要付出更高的成本。

6.3.2.3 传统合作模式有待突破

传统中国企业对于进入非洲国家市场的意识有待提升，很多企业认为非洲市场只能通过政府援助予以进入，而合作更多集中在设备输出、工程建设环节。中国企业对于投资非洲模式缺乏了解，需要在合作模式上进行一定程度的转化。例如，许多非洲国家在环境能力基础建设方面缺乏资金，运营方面也缺乏相关标准及技术人员，同时出于保护本国环保企业的考虑，非洲国家希望开展BOT、EPC、技术转移、合资公司等类似于政府主导型、产权型、联盟型的合作模式，以解决资金、技术、人才等方面的难题，从而提升本国环保水平。因此，如何在非洲国家探索规模大的BOT等项目，尝试参与投资和运营环节，丰富双方合作模式，是实现中国环保企业"走

出去”的重大挑战。

6.3.2.4 中非产业合作面临资金融通挑战

长期有效的有资金支持对于中非环保产业合作尤为重要。目前，环保产业在非洲仍处于初级阶段，目前通过市政环境基础设施建设领域开展合作仍存在较大市场空间，需要大量资金投入。迄今为止，中非环境合作仍未建立稳定的资金机制，导致中非环保合作仍以研讨培训为主，且多利用中国政府的援外资金进行，实体环保产业合作较难开展，直接影响了我国对非洲开展环境合作的进程。

6.4 中非环保产业合作领域与项目

中非环保产业合作借助中非合作论坛等平台在可持续农业、生态系统保护、能力建设与减贫等领域取得了诸多成就。

可持续农业。2009年11月，温家宝同志在中非合作论坛第四届部长级会议上强调加强对非农业合作。中非在可持续农业领域的发展主要是通过向非洲传授中国先进的农业技术、管理经验和经营理念以推动解决非洲的粮食安全问题，从而帮助非洲消除贫困。目前中国在非洲已经建成了14个农业技术示范中心：第一批示范中心主要集中分布在东部和西部非洲以及北非的苏丹，其中乌干达农业技术示范中心以水产为主、赞比亚中心以灌溉技术和农机使用等为主；第二批示范中心集中在东部非洲的科特迪瓦、毛里塔尼亚等。可持续农业的发展对于实现联合国2030可持续发展目标至关重要，中非可持续农业合作未来发展对于双方实现可持续发展目标都有助益。

生态系统保护。中非环境合作在生态系统保护领域开展了一系列活动，也取得了很多成就。中国科学院与非洲相关部门共建了中非研究中心，并于2012年成立世界地理与资源研究中心，有助于对非生态系统保护领域的研究和实践。中国科研院所与非洲环保部门签署合作备忘录推进在生态系统监测平台建设、定点考察、人员互访等方面的合作交流。

能力建设与减贫。联合国秘书长潘基文指出，减贫、能力建设与绿色经济是解决中非合作的三个关键领域。中国通过中非合作论坛、绿色使者行动计划等等平台为非洲减贫和能力建设做出了贡献。2005—2015年，中国环境保护部共举办48期援外培训，为来自120个国家的1 146位环保领域官员进行了能力建设培训，其中非洲有近50个国家参与其中。

第四部分

合作展望与建议

7 中国与“一带一路”部分国家环保产业合作展望

7.1 中国与东盟环保产业合作展望

7.1.1 中国与东盟环保产业合作方向

2009年，中国与东盟通过了《中国-东盟环保合作战略（2009—2015）》，确定双方合作的重点领域。2011年，双方共同制定和通过了《中国-东盟环境保护合作行动计划（2011—2013）》，确定开展政策交流与对话、绿色使者计划、环境产业和技术合作、联合研究等重点合作内容，同年，经中国政府批准建立了中国-东盟环保合作中心。2013年，中国-东盟环境合作论坛召开，论坛围绕“区域绿色发展转型政策与实践、构建绿色发展转型伙伴关系、中国-东盟环保产业合作”等内容展开讨论，共同探索环保合作大计。2015年，中国-东盟环境合作论坛召开，论坛以“环境可持续发展对话与研修”为主题，对中国-东盟环境保护合作展开探讨，充分反映了我国与东盟各国共建海上绿色丝绸之路，打造区域环境合作共同体的良好愿望。

2016年，在《落实中国-东盟面向和平与繁荣的战略伙伴关系联合宣言的行动计划（2016—2020）》中就环境合作内容重点做了以下概述：

- 通过完成制定和有效落实《中国-东盟环境合作战略（2016—2020）》，继续推进环境合作，通过中国-东盟环境合作论坛等加强环境领域高层政策对话，通过中国-东盟环保合作中心推进环境合作；
- 支持落实中国-东盟环境保护技术与产业合作框架，加强环境友好技术交流与合作，探讨依托中国-东盟环保技术和产业合作示范基地开展示范项目的可能性，支持中国和东盟实现绿色和环境可持续发展；
- 在城市和农村环保管理领域加强对话和经验交流，落实城乡环境合作示范项目，提高地区生活环境质量，探讨建立生态友好城市发展伙伴关系；
- 探讨开展环境数据和信息共享合作，包括适时探讨建立环境信息共享联合平台的可能性；
- 加强环境能力建设和宣传教育合作，实施联合培训课程、联合研究、人员交流等项目，提升地区环境管理能力与水平，提高地区公众环境意识；
- 开展协同效应领域合作，如在大气和水质管理、健康和环境保护及管理等方面开展联合研究、能力建设及经验分享；
- 推进合作，使东盟人民享有清洁用水、清洁空气、基本医疗和其他社会服务，过上健康有益的生活，造福东盟乃至国际社会；
- 以实现环境可持续性为目标推进环境保护合作；
- 探讨可能的合作倡议，支持东盟生物多样性中心；
- 推进合作，作为东盟气候变化工作组《东盟联合应对气候变化行动计划》下的补充活动；

- 在东盟遗产公园等生物多样性优先保护区管理、落实《生物多样性公约》等生物多样性相关多边环境协议等方面探讨可能的合作倡议。

7.1.2 中国与东盟合作基础

7.1.2.1 经济基础

经济基础是一个国家借以开展环保工作的基本动力。国家经济综合实力、产业结构和财政对环保的支持力度,在很大程度上决定了该国环保产业的发展水平、发展重心以及产业规模。就东盟国家而言,各国的经济发展水平相差较大。文莱、新加坡属于发达国家,其基础性的环保设施建设已经趋于完整,对环境保护的规划相比于其他东盟国家来说更为高远,也更加关注在有限的资源条件下,能够促进经济可持续发展的环保领域,如水资源的循环再生、海水淡化、空气质量的保持和提升、绿色建筑、清洁能源等。而东盟中印度尼西亚、马来西亚等很多发展中国家,由于尚处于依靠工业的快速发展来带动国家经济增长的阶段,其环保产业发展相对滞后,环保市场需求仍以水污染治理、垃圾处理处置等基础设施建设最为迫切。又因为这些国家经济实力有限,仅凭财政拨款难以完全支撑环保产业的发展,从而对民间资本、国际资本的吸引就变得尤为重要。

7.1.2.2 人力资源基础

和其他经济活动一样,环保产业活动也是由人来实施和完成的。区域内人力资源的数量和质量影响着区域合作的方向、内容和模式,也影响着区域内人群的思想观念、价值准则和行为方式,并最终影响他们对环保产业合作的态度、理解和行为模式。东盟国家总体而言人力资源充沛，且部分国家的劳动力工资水平非常低廉。但是，一些国家长久以来以农业、劳动密集型制造业、旅游业、资源输出为主要经济支柱，当地人口受教育程度低，高级管理人才、技术人才非常缺乏。此外，也有一些国家对外籍劳工有诸多限制或相关的法律体系不甚健全，也在一定程度上增加了中国企业在东盟国家开展环保产业合作的难度。

7.1.2.3 自然环境基础

一个国家的区位条件和资源禀赋，是其经济活动可利用的基础要素，为国家经济发展提供自然基础，在一定程度上影响该国的产业结构，进而影响环保产业的发展方向。同时，自然环境基础也决定着国家环境保护的主要领域，譬如水资源缺乏的新加坡，再生水、海水淡化对该国的可持续发展发挥着至关重要的作用；而水资源非常充沛的缅甸，水土保持、水环境监测、水污染控制就显得格外重要。

7.1.3 中国与东盟合作模式

中国与东盟国家在环保产业方面的合作模式从不同的角度，可以有不同的分类方法。目前主要的合作模式有以下类型。

7.1.3.1 政府主导模式与企业主导模式

区域环保产业的合作主体可以是政府、企业、事业单位或自然人。从处于主导地位的合作主体的角度，可以将中国与东盟国家现阶段环保产业的合作模式划分为政府主导模式和企业主导模式。政府主导模式是在行政权力的作用下实施，在“国与国”的层次上进行交流，政府通过行政和协调手段，建立合作关系。中新天津生态城、吉隆坡 Pantai 第二地下污水处理厂项目，都属于这种模式。政府主导模式下的产业合作项目规模大、资金投入高、合作期限长，且在双方政府的支持下，此类项目在行政审批、项目贷款、土地、佣工等方面具有其他项目不可比拟的优势。

企业主导的合作模式是在市场机制的驱动下，企业在追求利润最大化的过程中，自发形成的合作。对于中国环保企业而言，在国内环保基础设施建设高潮逐渐回落的背景下，越来越多的环保企业，尤其是工程建设企业和设备类企业，开始向东盟国家寻求新的市场机会。但就现阶段而言，由于对东盟国家政策法规、市场、文化等缺乏了解，中国企业在东盟市场的“走出去”之路还面临着许多挑战。而新加坡、马来西亚等环保产业相对发达的国家，其环保企业也将中国作为重要市场，近年来积极寻求与中国政府或企业合作，新加坡凯发有限公司、美能材料科技有限公司、马来西亚龙泉集团等都在中国取得了不错的成绩。

7.1.3.2 产权型、联盟型及松散型合作模式

从合作关系的角度，可以将中国与东盟的环保产业合作模式分为产权型合作模式、联盟型合作模式和松散型合作模式。

产权型合作模式是指以资产为联结纽带，通过独资、合资、收购或兼并等行为在产权层次上进行的合作，例如 PPP 方式投资建设和运营的污水处理厂、垃圾焚烧厂等都属于这种模式。

联盟型合作模式是指不同经济主体，以资本参与或长期契约为联结纽带，通过控股、参股或达成某种协议等行为实施的合作。例如，中国企业与东盟国家成立合资公司，或与东盟企业签署战略合作备忘录、合作框架等。

松散型合作模式是指不同经济主体之间是短期的合同或市场交易合同，交易结束，合作也结束了。例如，一些中国企业向东盟国家出口环保设备，或以项目联合体为载体，在东盟国承接部分环保工程等。

7.1.3.3 具体合作领域各有不同

从双方合作的具体内容划分，可以分为设备输出、工程输出、技术转让、设计、咨询、投资运营、援建等。从目前中国环保企业与东盟国家的主要合作内容来看，国有大型环保企业以工程建设、援建、投资运营为主要方向，而更多民营企业则仍以设备出口为主，EPC 等较大规模的工程建设项目承接量很少。

7.2 中国与非洲环保产业合作展望

7.2.1 中国与非洲环保产业合作方向

在 2015 年年末发布的《中非合作论坛——约翰内斯堡行动计划（2016—2018）》中，明确提出中国与非洲国家在环境保护和应对气候变化方面的合作重点，具体包括：

- 在禁止偷猎野生动物方面，继续在边境设施管理、搜索、扣押、销毁偷盗猎资源以及情报搜集等展开合作，打击与国际有组织犯罪相关联的团伙。
- 中方将在"中国南南环境合作——绿色使者计划"框架内，推出"中非绿色使者计划"，设立中非环境合作中心，开展中非绿色技术创新项目，与非方开展环境友好型技术合作，在生态环境保护、环境管理、污染防治等领域加大对非洲的培训力度，推动中非绿色金融对话与合作，探索中非间政府与社会资本环境合作模式。

- 共同推进“中非联合研究中心”项目建设，就生物多样性保护、荒漠化防治、森林可持续经营、现代农业示范等开展合作。中方将支持非洲实施 100 个清洁能源和野生动植物保护项目、环境友好型农业项目和智慧型城市建设项目。
- 共同努力加强水资源管理和废弃矿山恢复。
- 中方将与非洲国家加强环境监测合作，继续与非洲国家共享中国-巴西地球资源卫星数据，促进其在非洲国家土地利用、气象监测、环境保护等领域的应用，探讨建设气象卫星数据接收处理应用系统。
- 加强在气候变化领域的政策对话，深化中非在应对气候变化，尤其是在气候变化监测、减少危机和脆弱性、加强恢复能力、提高适应力、能力建设、技术转移、提供监管和实施资金方面的合作，完善中非气候变化磋商与协作机制。
- 建立多层次的减灾救灾合作对话机制，扩大在灾后反应和重建、风险评估、灾害预防和重建教育等领域交流。在灾害应急期间，应非洲国家要求，中方将提供基于空间技术的灾害应急快速制图服务。

7.2.2 中国与非洲合作基础

7.2.2.1 经济基础

经济基础是一个国家借以开展环保工作的基本动力。国家经济综合实力、产业结构和财政对环保的支持力度，在很大程度上决定了该国环保产业的发展水平、发展重心以及产业规模。就非洲而言，各国的经济发展水平相差较大。例如突尼斯属于非洲较发达国家，在环境保护规划、政策与标准制定等方面已经积累了一定基础，环保类基础设施建设较为完善，同时关注经济的可持续发展。而肯尼亚、埃塞俄比亚和加纳等国家尚处于依靠工业的快速发展来带动国家经济增长的阶段，其环保产业发展相对滞后，环保市场需求仍以水污染治理、垃圾处理处置等基础设施建设最为迫切。又因为这些国家经济实力有限，仅凭财政拨款较难完全支撑环保产业的发展，从而对民间资本、国际资本的吸引就变得尤为重要。

7.2.2.2 人力资源基础

和其他经济活动一样，环保产业活动也是由人来实施和完成的。区域内人力资源的数量和质量影响着区域合作的方向、内容和模式，也影响着区域内人群的思想观念、价值准则和行为方式，并最终影响他们对环保产业合作的态度、理解和行为模式。非洲国家总体而言，人力资源充沛，且部分国家的劳动力工资水平较为低廉。但是，埃塞俄比亚、肯尼亚等国家长久以来以农业、劳动密集型制造业、旅游业、资源输出为主要经济支柱，当地人口受教育程度低，高级管理人才、技术人才较为缺乏，也在一定程度上增加了中国企业在非洲国家开展环保产业合作的难度。

7.2.2.3 自然环境基础

一个国家的区位条件和资源禀赋，是其经济活动可利用的基础要素，为国家经济发展提供自然基础，在一定程度上影响该国的产业结构，进而影响环境产业的发展方向。同时，自然环境基础也决定着国家环境保护的主要领域，例如水资源非常充沛的埃塞俄比亚，水土保持、水环境监测、水污染控制就显得格外重要。

7.2.3 中国与非洲合作模式

7.2.3.1 从合作主体角度

区域环保产业的合作主体可以是政府、企业、事业单位或自然人。从处于主导地位的合作主体的角度，可以将中国与非洲国家现阶段环保产业的合作模式大致可以划分为政府主导模式和企业主导模式。政府主导模式是在行政权力的作用下实施，在“国与国”的层次上进行交流，政府通过行政和协调手段，建立合作关系。政府主导模式下的产业合作项目规模大、资金投入高、合作期限长，且在双方政府的支持下，此类项目在行政审批、项目贷款、土地、佣工等方面具有其他项目不可比拟的优势。

企业主导的合作模式是在市场机制的驱动下，企业在追求利润最大化的过程中自发形成的合作。对于中国环保企业而言，在国内环保基础设施建设高潮逐渐回落的背景下，越来越多的环保企业，尤其是工程建设企业和设备类企业，开始向非洲国家寻求新的市场机会。但就现阶段而言，由于对非洲政策法规、市场、文化等缺乏了解，中国企业在非洲国家市场的“走出去”之路仍面临着一定挑战。

7.2.3.2 从合作关系的角度

从合作关系的角度，可以将中国与非洲国家的环保产业合作模式分为产权型合作模式、联盟型合作模式和松散型合作模式。

产权型合作模式是指以资产为联结纽带，通过独资、合资、收购或兼并等行为在产权层次上进行的合作，例如 PPP 方式投资建设和运营的污水处理厂、垃圾焚烧厂等都属于这种模式。

联盟型合作模式是指不同经济主体，以资本参与或长期契约为联结纽带，通过控股、参股或达成某种协议等行为实施的合作。

松散型合作模式是指不同经济主体之间是短期的合同或市场交易合同，交易结束，合作也结束了。例如一些中国企业向非洲国家出口环保设备，或以项目联合体为载体，在非洲国家承接部分环保工程等。

7.2.3.3 从合作内容的角度

从双方合作的具体内容划分，可以分为设备输出、工程输出、技术转让、设计、咨询、投资运营、援建等。从目前中国环保企业与非洲国家的主要合作内容来看，国有大型环保企业以工程建设、援建、投资运营为主要方向，而更多民营企业则仍以设备出口为主，EPC 等较大规模的工程建设项目承接量很少。

8 中国与“一带一路”部分国家环保产业合作建议研究

在“一带一路”倡议下，中国与发展中国家环保产业合作成为主流方向，东盟和非洲国家是“一带一路”倡议下的主要合作区域，在东盟与非洲国家开展环保产业合作是未来工作的重中之重。本书重点讲述东盟与非洲国家的合作方向，同时其他发展中国家与东盟、非洲地区国家同属于发展中国家，有很强的相似性。由此，本章提出对于“一带一路”沿线部分国家在推动环保产业合作方面的政策建议。

8.1 完善政策保障体系

首先，由于环保产业向国际市场发展的过程中涉及范围广，与其他产业部门之间的关联度大，建议由国家相关部委牵头，联合相关职能部委，共同制定环保产业“走出去”的发展规划及相关工作指导意见。在规划制定的过程中，要研究我国环保产业“走出去”的各项优势、优先领域、交易模式、具体途径、困难障碍以及政策需求等，为我国环保产业“走出去”相关政策制定提供支持，确立环保产业“走出去”的发展目标和发展重点，分步骤、多梯次地推进规划的实施。

其次，建议相关政府部门加强沟通与合作，制定对外援助项目环保产品目录；在对发展中国家的援助资金和项目中增加环保项目，并将与我国规则相适应的法律法规、标准、交易模式嵌入，为我国环保企业“走出去”创造更多的市场机会。

此外，建议地方政府通过鼓励政策，加快环保高新技术产业化和商品化，加强人才队伍建设，努力培养环保产业“走出去”的龙头企业；同时，要注意发展中小企业，利用中小企业的优势，协助大型企业完善环保产业全产业链体系，支撑其“走出去”的可持续发展。

中国环保产业分布领域广，产品种类较多，但行业的标准体系不够完善，且与国际通行的标准有所差异。因此，建议中国在现有环保产业标准体系的基础上，健全环保重点领域的标准（例如工程建设标准、污染物排放标准及相关服务标准），并将这些标准进行国际化推广，形成符合国际规范的标准体系。同时，建议推广环保产品认证制度，提高环保企业形象，增强环保企业的国际竞争力。

鉴于中国在推动环保企业“走出去”尚处于起步阶段，建议开展环保产业“走出去”的专项政策研究，对中国环保产业“走出去”的各项优势、优先领域、交易模式、目标国家、具体途径、困难障碍及政策需求等进行全面、深入地研究，为中国环保产业“走出去”的政策决策和优化、环保企业国际市场开拓提供科学依据。

8.2 健全支撑环保产业“走出去”的财税及金融政策体系

在促进国家环保产业合作方面，政府应利用援外项目以及财政补贴、政府奖励、财政信贷、税收、海外投资专项基金、海外上市等形式和手段，调节和指导环保企业的市场行为，引导和推动环保产业外向型发展。

8.2.1 援助项目绿色化

通过中国的对外援助项目，支持目标国环境能力建设，例如在对外援助项目立项时应优先考虑环保产业相关项目，重点推动目标国的环境基础设施建设，由国内环保行业优质企业参与建设和运营，提供相应的技术服务和产品设备，支持企业建设环保项目示范工程，树立良好的企业形象，扩大企业产品设备或服务在目标国的影响力。对于环境行为表现良好的援外企业，政府可给予相应的鼓励措施。

8.2.2 设立环保企业国际化发展专项资金

运用贷款贴息、以奖代补、设立海外环保投资基金、并购资金、亏损准备金等多种方式，鼓励环保企业海外投资。设立海外环保项目先期投入补贴资金，按一定比例对具有先期市场开拓效用的项目进行补贴。

8.2.3 建立海外环保投资担保体系

在国家投融资体制的基础上，完善环保企业境外税收抵免政策，落实环保项目融资的资本金制度。政府与鼓励投资国家签订协议时，设立税收抵免条款，保障国内环保企业享受到目标国的税收优惠政策。参照其他高新技术企业，降低环保行业的企业境外红利抵免限额税率。

8.2.4 鼓励中国环保企业进入非洲资本市场进行融资

在境外资本运作方面，适当降低中国国内环保企业在非洲上市的门槛，简化并规范环保企业境外上市的审批流程，并加强对境外已上市企业的监管。通过鼓励中国环保企业利用国际经济环境的有利时机，合作、并购、参股国外先进环保研发和设备制造企业，整合战略资源，促进产业升级，增强企业核心竞争力。

8.3 加强环保产业“走出去”综合管理能力

环保产业“走出去”是中国环保产业发展、优化中国对外投资结构、推动中国对外投资可持续发展的重要举措，是拓宽中国环保产业发展市场空间、带动国内环保产业升级、反哺国内环保企业竞争力的有力手段。

因此，应建立涉及多个部门、相互密切配合的环保产业“走出去”的综合决策机制，环保部门发挥综合管理职能，负责产业规划、市场引导、标准制定等；经济主管部门负责制定支持环保产业“走出去”发展的经济政策；工商等部门负责市场有序竞争保障等。

8.4 搭建公共服务平台，建立信息渠道

通过我国对外经贸合作谈判机制推动环保产业“走出去”。商务部等部门重视通过我国对外经贸合作谈判机制推动环保产业“走出去”的建议，商务部将会同环境保护部等有关部门利用双边联委会及驻外使馆经商机构等渠道搭

建平台，加大宣传和推荐力度，促进双边高层次环保产业的合作规划和推进。环境保护部将利用亚太经合组织实施的“绿色产品计划”机制，组织研究我国的“绿色产品清单”，将我国具有竞争优势的环境产品纳入清单，促进国际贸易自由化，鼓励环保产品出口。

同时商务部、生态环境部等部门将积极参与世界贸易组织环境与贸易领域的谈判，推动我国环保产业参与国际竞争，为环保产业“走出去”创造良好的国际环境。通过建立各类双边或国际环保产业论坛等推动环保产业“走出去”。

21 世纪以来，我国环保企业已进入高速发展期，产业已进入高速发展期，产业规模、产业结构、技术水平和市场化程度得到大幅提升，环保产业已具备“走出去”的基本条件。但环保企业“走出去”仍面临一些问题，需进一步提高。

8.5 加强企业模式输出与技术创新

8.5.1 模式输出选择

我国环保企业在多年的发展中取得了包括 BOT 等多种模式的建设运营经验，能够在快速发展的环保产业中迅速适应，在特定的集权体制发展中国家运作项目。应将我国环保企业长期实践和探索而来的产业发展经验，形成标准化的交易模式并予以国际化。

我国环保企业应借鉴外资企业的经验，选择合适的模式进入国际市场，不同的进入模式将关系到企业未来的资源投入、风险水平、技术转移程度、对目标国环保市场的控制能力和权益分配，直接影响企业的经营活动和经营绩效。

同时，企业应深入调研我国环保产业不同细分领域、不同产业链环上具有代表性的优秀环保企业，总结其经过多年发展形成的成功模式，在充分研究目标国国家政治体制、经济环境和环保产业发展状况的基础上，结合外资企业在中国市场本土化方面的先进经验，形成对于国内环保企业而言可复制、易操作的，面向目标国不同环保市场需求的标准化交易模式。

8.5.2 加强技术创新

环保技术是发展环保产业的基础和重要驱动力。相对于美国、日本等环保产业发达国家，中国的环保技术在很多领域尚属落后。加强环保技术研究与开发，有利于推动中国环保产业的发展和企业国际竞争力。因此，建议企业加大对环保技术的研发投资力度；积极与研究机构合作，开展环保生产技术和生态修复技术的开发和应用，注重保护知识产权，加速科技成果的转化。同时，也应着眼于目标国的实际情况，开发适用于当地的产品和技术。建议针对以下方面加强环保产业的技术创新。

8.5.2.1 加大对环保技术的研发投入

充分借助国家在国际环保产业合作配套的税收、信贷、补贴、奖励等激励政策，支持环保产业的关键技术攻关、装备国产示范工程以及环保科技成果的转化和应用。

8.5.2.2 加强国际合作

以合资、合作的方式引进外资，拓展环保企业自身融资渠道，掌握国外先进技术和经验，形成独立自主开发环保技术的能力，在保护国内需求的基础上，参与国际竞争。

8.5.2.3 确立环保企业自身作为环保技术创新的主体地位

设立研发中心，提高自主创新能力。同时与政府、高校和科研机构密切合作，形成利益共享、风险共担的合作机制，形成以海外客户的实际需求为主线，产学研结合的环保技术创新和成果转化体系。

8.6 鼓励企业因地制宜“走出去”

由于各国在社会经济水平、环保产业发展水平上不同，建议环保企业走进国际市场时因地制宜，根据不同国家的不同发展水平采用不同方式进入当地环保市场。

发达国家：借鉴与引进。较发达国家环境科技水平很高，在与其合作过程中应以技术转移为主，在其优势领域通过双方联合研究和开发，借鉴、引进、消化、吸收其先进理念及技术，通过再创新，寻找符合发展中国家国情的可靠设备和产品及适用技术。

新兴经济体国家：交流与合作。中等国家已具备较为完善的环保相关法律法规。我国环保企业可通过相关示范项目展示我国环保设备优势，以监测设备、污染处理设备及技术为突破口进入目标国环保市场。随着中国其他行业对目标国的投资力度加大，相关的环保需求增长明显，建议环保行业与其他行业结合成利益共同体，通过相关投资和项目建设，带动环保企业“走出去”，促进环保企业自身的发展。

发展中国家：了解与交流，推动互联互通。对于环境保护发展相对滞后的国家，其相关环保政策、制度、标准仍有待完善。为防止其日后建立的相关标准成为中国环保企业进入的壁垒，建议与相关国家开展能力建设培训活动和示范项目建设，加强沟通与交流，推动互联互通，逐步开拓目标国的环保市场。

参考文献

[1] 常杪，郝思文，包瑞娟，等. 新形势下环保产业发展格局分析[J]. 环境保护，2013，41（8）：37-39.

[2] 董战峰，吴琼，周全，等. 建立基于 EGSS 的中国环保产业统计框架的思路[J]. 中国环境管理，2016，8（3）：65-72.

[3] 樊宇，吴舜泽，赵云皓，等. 中国与国外环境保护统计方式与内容比较[J]. 统计与决策，2015（21）：4-7.

[4] 高明，洪晨. 美国环保产业发展政策对我国的启示[J]. 中国环保产业，2014（3）：51-56.

[5] 李霞，刘婷. 中国走出去可持续发展战略分析与政策建议[R]. 亚太环境观察与研究. 中国-东盟环境保护合作中心，2016.2.

[6] 刘婷，李霞. 我国环保产业“走出去”浅析[J]. 环境与可持续发展，2015（6）.

[7] 刘晓静. 中国环保产业定义与统计分类[J]. 统计研究，2007，24（8）：22-25.

[8] 王劲峰. 环保产业概念的演变与拓展[J]. 重庆社会科学，2011（10）：24-28.

[9] 袁明鹏，万君康. 关于我国环保产业的定义及发展对策的思考[J]. 中国环保产业，2002（2）：46-48.

[10] 朱建华，逯元堂，吴舜泽. 中国与欧盟环境保护投资统计的比较研究[J]. 环境污染与防治，2013，35（3）：105-110.

[11] 中国-东盟环境保护合作中心/中国-上海合作组织环境保护合作中心. “一带一路”生态环境蓝皮书 2017[M]. 北京：中国环境出版社，2016.

[12] 中国-东盟环境保护合作中心. 东盟环境保护概览[M]. 北京：中国环境科学出版社，2011.

[13] 建设绿色“一带一路”的路线图[N]. 中国环境报，2017-05-16（001）.

[14] 中国环保企业“一带一路”战略版图. http：//www.h2o-china.com/news/264578.html.

[15] 2017—2023 年中国节能环保市场行情动态与投资战略咨询报告. http：//www.chyxx.com/industry/201709/562941.html.

[16] 2011 年全国环境保护相关产业状况公报[J].中国环保产业，2014（5）：4-9.

[17] 世界银行数据库. http：//data.worldbank.org.cn/.

[18] 亚洲开发银行. https：//www.adb.org/.

[19] 非洲发展银行. https：//www.afdb.org/en/.

[20] 中国商务部. http：//www.mofcom.gov.cn/.

[21] 中国新能源网. http：//www.newenergy.org.cn/.

[22] 全球法律法规网. http：//policy.mofcom.gov.cn/.

[23] 马来西亚自然资源和环境部. http：//www.nre.gov.my/en-my/pages/default.aspr.

[24] 加纳环境保护署. http：//www.epa.gov.gh.

[25] 新加坡联合早报网. http：//www.zaobao.com/publication/xin-jia-po.

致　谢

本书是所有参与成员智慧和汗水的结晶，并受益于各方专家的支持。在研究过程中，我们通过邮件、电话、座谈会等形式对各方专家和合作伙伴进行了调研采访，报告也是几易其稿。

我们要特别感谢生态环境部国际合作司郭敬司长、宋小智巡视员、张洁清副司长、崔丹丹处长、李永红处长、穆照经女士，中国-东盟环境保护合作中心周国梅副主任，对报告撰写过程中提供的指导，并感谢崔军先生和刘婷女士对此书的研究支持。

本书由中国-东盟环境保护合作中心李霞、唐华清、丁宇、汉春伟编撰，中国-东盟环境保护合作中心闫枫、卢笛音、朱鑫鑫、温竹青等协助完成。